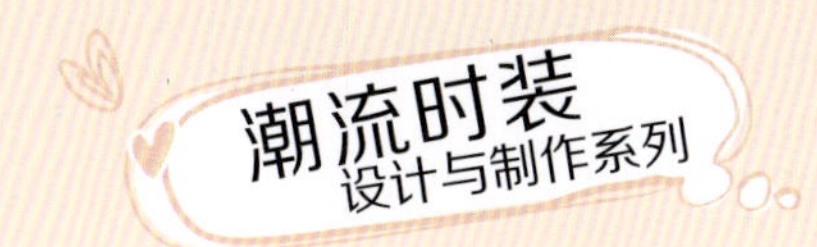


# 服装

# 设计实务

徐曼曼　马丽群　主编

·北京·

**图书在版编目（CIP）数据**

服装设计实务／徐曼曼，马丽群主编．—北京：化学工业出版社，2017.11
（潮流时装设计与制作系列）
ISBN 978-7-122-30632-6

Ⅰ．①服… Ⅱ．①徐…②马… Ⅲ．①服装设计 Ⅳ．①TS941.2

中国版本图书馆CIP数据核字（2017）第227969号

责任编辑：邵桂林　　文字编辑：李　曦
责任校对：王素芹　　装帧设计：刘丽华

出版发行：化学工业出版社（北京市东城区青年湖南街13号　邮政编码100011）
印　　装：北京瑞禾彩色印刷有限公司
787mm×1092mm　1/16　印张13 1/4　字数358千字　　2018年1月北京第1版第1次印刷

购书咨询：010-64518888（传真：010-64519686）　　售后服务：010-64518899
网　　址：http://www.cip.com.cn
凡购买本书，如有缺损质量问题，本社销售中心负责调换。

定　　价：78.00元

# 编写人员名单

**主　　编**　徐曼曼　马丽群

**副 主 编**　韩英波　崔　欣

**参编人员**　李　敏　祖秀霞　曲　霞　崔培雪　李秀梅　牛艳芬　曲玉芳　郭　龙　谷文明

# 前言

随着我国服装行业的发展，服装设计高等教育已有近30年的历史。在这30年间，从无到有，从幼稚到成熟，服装设计高等教育已积累了一定的经验，但教育模式和内容体系的成熟与完善还有待提高。本书结合当前国际和国内服装产业的特点，对相关的知识进行整合，以素质教育为前提，着重对设计师的创造思维进行开发，突出对服装领域创造性和实用性人才的培养。

我国现代服装设计的教育发展，传承了德国包豪斯的设计教育体系，即强调实际动手能力和理论修养并重的现代设计教育模式。设计作为实践性很强的应用学科，既强调艺术性，又强调实用性和商业性，所以有必要从学习设计与制作的方法入手，将创造想象和精通技术结合起来，创造一种全面的脑、眼、手结合的综合训练。

本书为专业课教师在充分研究和总结了教学中的实际情况之后，针对学习过程中出现的实际问题编写而成。全书以服装设计要素为主线，侧重设计细节与创意解读，注重内容的系统性、时效性和可读性。在介绍服装设计基本原理的基础上，导入具体的设计手法、案例，使读者能更好地理解设计方法，积累设计素材，并有一定的借鉴和启发作用。

在本书的帮助下，服装设计的创作过程也许不再那么艰难，可能还会收获更多。本书适合服装从业人员、服装设计相关专业的师生以及广大爱好服装设计的人士阅读与参考。

本书在编写过程中，参考了相关专家学者的研究论著，以及同行和学生的作品、相关网站的咨讯。在此，谨向这些作者和给予本书支持的相关人士表示衷心的感谢。同时对于出版社给予出版机会和全方位的支持表示由衷的感谢。

由于专业水平有限，书中难免出现不妥之处，敬请读者批评指正。

享受设计过程，积极开拓创新，乐于探索实践。

编　者

2017年8月

# 目录

# 目录

# 第一章

# 服装设计实务综述

第一节　服装设计的概念
第二节　服装设计的特性
第三节　服装设计的前提条件——T.P.O.原则
第四节　服装的分类
第五节　服装设计的方法

# 第一节　服装设计的概念

## 一、什么是服装

广义的服装是指衣服、鞋帽、服饰配件的总称，可以泛指一切的服饰品。狭义的服装泛指用织物材料制成的用于穿着的生活用品，是日常生活的重要组成部分，通俗地说就是指服装。与服装相近的词有时装、成衣、衣服、衣裳等。

## 二、什么是设计

“设计”这个概念我们也可以从两个方面来理解，一是从纯粹观念的角度，认为设计是一种改造客观世界的构思和想法；二是从学科发展演变的角度出发，认为设计是一种行业性的称呼。按照第一种理解，设计的历史可以追溯至人类产生之初，甚至可以说设计的出现是人类产生的标志。按照第二种理解，设计只能是指工业革命之后围绕机器化生产进行的“有目的的活动”。在一系列有关设计史的探讨中，我们采纳了第一种观点，它能比较全面地涵盖设计的历史演进。

总之，设计是把一种计划、规划、设想、构思通过视觉的形式表达出来的活动过程。人类通过劳动改造世界，创造文明，创造物质财富和精神财富，而最基础、最主要的创造活动是造物。设计便是造物活动中进行预先的计划，可以把任何造物活动的计划技术和计划过程理解为设计。

在服装设计中，设计的表达方式，即把计划、构思、设想、解决问题的方式通过材料等以视觉的方式传达出来。服装设计是以服装为对象，根据设计对象的要求进行构思，运用恰当的设计方法和表达方式，完成整个创造性行为的过程；是服装在制造之前，必须经过构思，在头脑中形成计划或蓝图，绘制出想要制作的物体和实现目的物的一种行为。它包括从选择材料到制作全过程，作品完成之前和穿用之前，所表达的设计意图，直到心像的物品实体性的实现，才能成为设计。也就是说，人首先有一个制造物体的要求，根据物体的要求，产生物体的形象，再选择材料和研究制作方法，最后变成物体使用。

服装设计是一门造型艺术，它不是一般的形式和内容的组合，而是在艺术构思支配之下，依照美的规律，运用造型法则，在色、形、质三要素的基本构成上来一番高度的艺术与技术再创造，创造出高于一般事物的、可视的、具有实体性的视觉艺术形象。

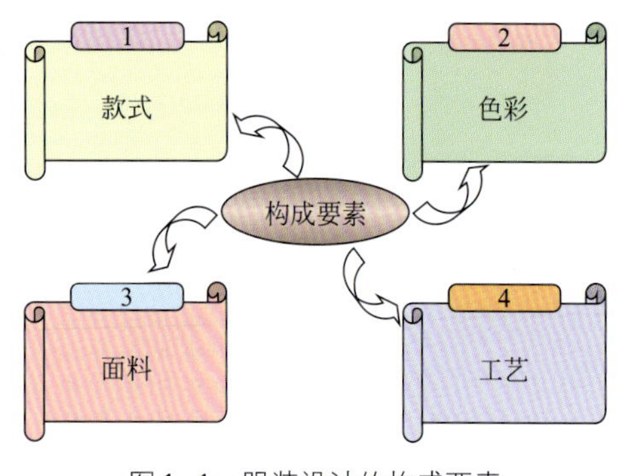


图1-1　服装设计的构成要素

## 三、服装设计的构成要素

服装设计是一门综合艺术，体现了材质、款式、色彩、结构和制作工艺等多方面结合的整体美。从设计的角度来讲，款式、色彩、面料是服装设计过程中必须考虑的几项重要因素，三者并称为服装设计的三大构成要素，如图1-1所示。

1. 款式

所谓款式，即服装的内外部造型样式。这里

的款式是指从造型角度所呈现的构成服装的形式，是服装造型设计的主要内容。服装款式首先与人体结构的外形特点、活动功能及其形态有关，又受到穿着对象与时间、地点、条件诸多因素的制约。款式设计要点包括外轮廓结构设计、内部线条组织和部件设计几方面。外轮廓决定服装造型的主要特征，按其外形特征可以概括为字母型、几何型、物态型几大类。当确定服装外形时应注意其比例、大小、体积等的关系，力求服装的整体造型优美、和谐，富有形象性。服装上的线条不但本身要有美感，而且在款式设计分布、排列上要合理、协调，有助于形成或优雅、或潇洒、或活泼、或成熟的服装风格。服装部件是构成服装款式的重要内容，一般包括领型、袖子、口袋、纽扣及其他附件。进行零部件设计时，应注意布局的合理性，既要符合结构原理，又要符合美学原理，以此加强服装的装饰性与功能性，完善服装的艺术格调，如图1-2所示。

图1-2　约翰·加利亚诺设计的梅森·马吉拉高级成衣系列

2.色彩

服装中的色彩给人以强烈的感觉。织物材料缤纷的色彩、不同色彩配置会带给人不同的视觉和心理感受，从而使人产生不同的联想和美感。色彩具有强烈的性格特征，具有表达各种感情的作用，经过设计的不同配色能表现不同的情调。如晚礼服使用纯白色表示纯洁高雅，使用红色表示热情华丽。设计一套服装或一个系列服装时，要根据穿用场合、风俗习惯、季节、配色规律等合理用色，选用什么色彩、什么色调、几种色彩搭配，都要经过反复推敲和比较，力求体现服装的设计内涵，从而达到不同的设计目的，体现不同的设计要求。服装纹样也是服装中色彩变化非常丰富的一部分。服装纹样就是图案在服装上的体现形式。服装上的纹样按工艺可分为印染纹样、刺绣纹样、镶拼纹样等；按素材可分为动物纹样、花卉纹样、人物纹样等；按构成形式又可分为单独纹样和连续纹样等；按构成空间分为平面纹样和立体纹样。不同的纹样在服装上有不同的表现形式，是服装上活跃、醒目的色彩表现形式之一，如图1-3所示。

3.面料

服装面料是服装设计中最起码的物质基础，任何服装都是通过对面料的选用、裁剪、制作等工艺处理，达到穿着、展示的目的。因此，没有服装面料，就无法体现款式的结构与特色，也无法表现色彩的运用和搭配，更无法反映功能的好坏与完成以及穿着的效果。也就是说，没有服装材料，就无法实现服装的穿着。服装材料的种类、结构、性能等，影响着服装的发展。现代服装对面料的质量，尤其是外观要求越来越讲究。服装造型设计，不但要因材制宜，合理运用衣料的

图1–3　色彩贴板

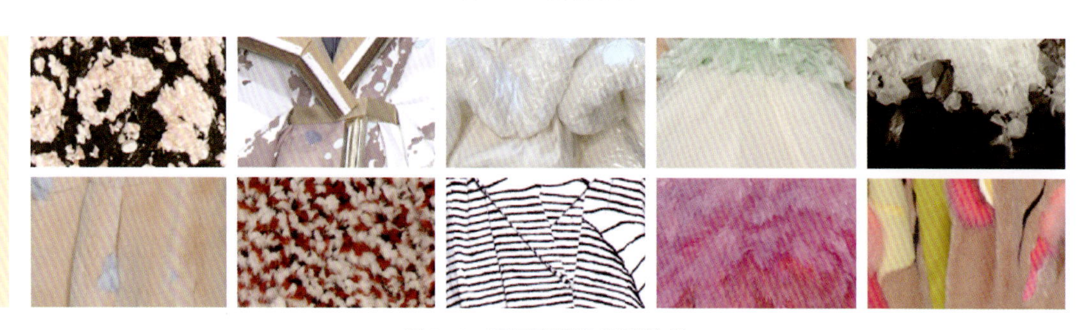

图1–4　不同面料的肌理效果

悬垂性、柔软性、保型性等特点，同时要研究织物表面所呈现的种种肌理效果与美感，使服装的实用性与审美性相结合，提升服装的品质，如图1–4所示。

4. 工艺

工艺也是服装设计不可忽略的要素，它是把材料加工成服装的过程。制作是将设计意图和服装材料组合成实物状态的服装的加工过程，是服装产生的最后步骤。没有制作的参与，设计和材料都处于分散状态，不可能成为服装。制作包括两个方面，一是服装结构设计，是对设计意图的解析，决定着服装裁剪的合理性，服装的一些物理能上的要求往往通过严格的结构设计得以实现；二是服装工艺，是借助于手工或机械将服装裁片结合起来的缝制过程，决定着服装成品的质量。结构和与工艺的关系是相辅相成的。

一般来说，准确的服装结构是准确缝制的前提，精致的服装工艺是演绎结构的保证。不管多么完美、精准的结构，如果遇到水平低劣的粗制滥造，服装成品的效果就会面目全非。不管多么精美绝伦的工艺也无法挽救错误严重的结构。对于常见而普通的款式来说，由于结构一般不会出现太大毛病，工艺就显得特别重要，高水准的工艺师常常可以在制作过程中修正一些较小的结构错误。制作是表现服装设计意图的最后一道关卡，因此，在服装界有“三分裁剪七分做”的说法，此说虽不全面，却相当有道理，如图1-5所示。

图1-5　精美的工艺细节

## 第二节　服装设计的特性

### 一、服装设计与人体的关系

服装是以人体为基础进行造型的，通常被人们称为是“人的第二层皮肤”。服装设计要依赖人体穿着和展示才能得到完成，同时设计还要受到人体结构的限制，因此服装设计的起点应该是人，终点仍然是人，人是服装设计紧紧围绕的核心。服装设计的特性如图1-6所示。

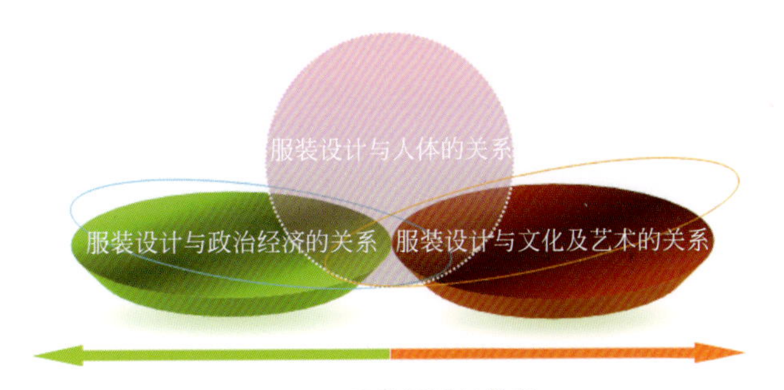


图1-6　服装设计的特性

服装设计在满足实用功能的基础上应密切结合人体的形态特征，利用外形设计和内在结构的设计强调人体优美造型，扬长避短，充分体现人体美，展示服装与人体完美结合的整体魅力。纵然服装款式千变万化，然而最终还要受到人体的局限。不同地区、不同年龄、不同性别的人的体态和骨骼不尽相同，服装在人体运动状态和静止状态中的形态也有所区别，因此只有深切地观察、分析、了解人体的结构以及人体在运动中的特征，才能利用各种艺术和技术手段使服装艺术得到充分的发挥。

## 二、服装设计与政治经济的关系

社会政治的变化与社会经济的发展程度直接影响到这个时期人们的着装心理与方式，往往能够形成一个时代的着装特征。发达的经济和开放的政治使人们着意于服饰的精美华丽与多样化的风格。在我国古代漫漫的历史长河中，唐朝曾在政治与经济上一度达到鼎盛状态，那一时期女性的服饰材质考究，装饰繁多，造型开放，体现出雍容华贵的着装风格。

一方面，经济的发展刺激了人们的消费欲望和购买能力，使服装的需求市场日益扩大，从而促使了服装设计推陈出新，新鲜的设计层出不穷。另一方面，服装市场的需求也促进了生产水平与科技水平的发展，工业利用艺术创造的成果成为传播文化的渠道，新型服装材料的开发以及制作工艺的发展，大大增强了服装设计的表现活力。

## 三、服装设计与文化及艺术的关系

在不同的文化背景下，人们形成了各自独特的社会心态，这种心态对于服装的影响是巨大而无所不在的。我们可以简单地比较一下东西方民族的着装风格，在不同的历史文化和生活习俗的影响下，服装着装方面形成了鲜明的差异。总体来说，东方的服装较为保守、含蓄、严谨、雅致，而西方的服装则较追求创新、奔放、大胆、随意。服装设计应该是有针对性的设计，根据人们不同的文化背景在服装造型、色彩等选择上采取相应的变化。同时，随着各国、各地区的文化交流日益增加，服装设计中也应吸取他国、他民族的精华，形成自身独特的服饰风格。

服装设计是一门综合性很强的学科，涉及很多的知识。这些知识能够帮助我们提高设计水平，并且从中激发丰富的艺术创作灵感。我们在生活中要积累有关服装资料，它们将会对我们有很大的帮助。学习更多的知识，把服装设计的工艺与技术相结合，使服装设计走向辉煌，从而诠释服装设计的真义。

# 第三节　服装设计的前提条件——T.P.O.原则

服装所具有的实用功能与审美功能要求设计者首先要明确设计的目的，要根据穿着的对象、环境、场合、时间等基本条件去进行创造性的设想，寻求人、环境、服装的高度谐和。这就是我们通常所说的服装设计必须考虑的前提条件——T.P.O.原则。T.P.O.三个字母分别代表Time(时间)、Place(场合、环境)、Object(主体、着装者)，如图1-7所示。

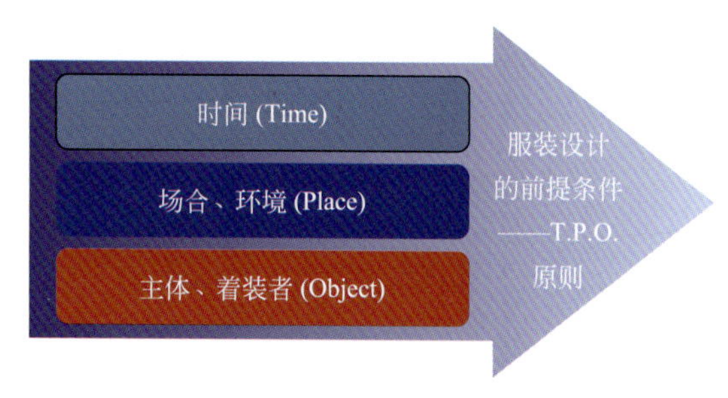


图1-7　服装设计的T.P.O.原则

## 一、时间

简单地说，不同的时间条件对服装的设计提出不同的要求，服装的造型、面料的选择、装饰手法甚至艺术气氛的塑造都受到时间的影响。

同时，一些特殊的时刻对服装设计提出了特别的要求，例如毕业典礼、结婚庆典等。服装行业还是一个不断追求时尚和流行的行业，服装设计应具有超前的意识，把握流行的趋势，引导人们的消费倾向。

## 二、场合、环境

人们在生活中经常处于不同的环境和场合，均需要有相应的服装来适合这些不同的环境。服装设计要考虑到不同场所中人们着装的需求与爱好以及一定场合中礼仪和习俗的要求。一件晚礼服与一件运动服的设计是迥然不同的。晚礼服适合于华丽的交际场所，它符合这种环境的礼仪要求，而运动服出现在运动场合，它的设计必然是轻巧合体而适合运动需求的。一项优秀的服装设计必然是服装与环境的完美结合，服装充分利用环境因素，在背景的衬托下更具魅力。

## 三、主体、着装者

人是服装设计的中心，在进行设计之前我们要对人的各种因素进行分析、归类，才能使设计具有针对性和定位性。服装设计应对不同地区、不同性别和年龄层的人体形态特征进行数据统计分析，并对人体工程学方面的基础知识加以了解，以便设计出科学、合体的服装。从人的个体来说，不同的文化背景、教育程度、个性与修养、艺术品位以及经济能力等因素都影响到个体对服装的选择，设计中也应针对个体的特征确定设计的方案。

# 第四节　服装的分类

服装的种类很多，由于服装的基本形态、品种、用途、制作方法、原材料的不同，各类服装亦表现出不同的风格与特色，变化万千，十分丰富。不同的分类方法，导致我们平时对服装的称谓也有所不同。目前，常见的有以下几种分类方法。

## 一、从机能方面进行分类

### （一）衣服

1.防护

耐候服（针对自然环境中的日光、紫外线、热、空气、雨露等对人体具有保护作用的衣服类）、保护服、特殊服（宇宙服、潜水服、登山服、极地服及特殊防护服），如图1-8所示。

图1-8　耐候服

### 2.场合

社交服、礼仪服、外出服等，如图1-9所示。

图1-9　社交服、礼仪服、外出服

### 3.生活

生活服饰（工作服、运动服、娱乐服），如图1-10所示。

图1-10　各类生活服

4.休闲

家居便服、睡衣、疗养服，如图1-11所示。

图1-11　家居便服、睡衣、疗养服装

5.标识服

正式制服、职业制服、团体服、民俗服、历史服等，如图1-12所示。

图1-12　各类制服服装

## （二）附属品

附属品，如图1-13所示。

图1-13　面具、手套、裙撑设计

防护：包括围巾、头巾、遮光眼镜、耳朵套、防护面具、手套等。
装身：包括头巾、围巾、领带、领带夹、皮带钩、扣等。
系扎：包括各种绳、腰带、皮带、扣子、钩等。
标识：包括臂章、徽章、领章、胸章、标号、缎带等。
卫生：包括手绢等。

### （三）装饰品

根据所在身体部位可分为头饰、颈饰、胸饰、腰饰、腕饰、指饰、脚饰等，如图1-14所示

图1-14　各类装饰品

### （四）携带品

携带品，如图1-15所示。
盛物：包括背包、书包、挂包、公文包、钱包、袋类及包袱皮等。
护身：包括雨伞、武器（刀、剑、枪）。
行动：包括照相机、手杖、手表、怀表、学习用具（日记本、效率手册、钢笔、圆珠笔）及其他职业用品等。
趣好：包括烟具、化妆美容用品、扇子等。

图1–15　与服装相搭配的各类携带品

## 二、从人体方面进行分类

### （一）年龄

按年龄可分为童装、成人装和老年装，如图1–16所示。

图1–16　童装、成人装和老年装

其中童装的分类相对复杂。

婴儿装：为0 ~ 1岁年龄段婴儿提供的服装穿着。

幼童装：为1 ~ 6岁年龄段学前幼儿提供的服装穿着，也称小童装。

学童装：为7 ~ 12岁年龄段入小学的儿童提供的服装穿着，也称中童装。

少年装：为13 ~ 17岁进入中学的少儿提供的服装穿着，也称大童装。

### （二）性别

女装、男装和中性服装，无论在款式造型、色彩、面料、图案和装饰等方面都是有很大区别的。

（三）着装

外套、内衣、上装、下装，如图1-17所示。

图1-17　外套、内衣、上装、下装

（四）部位

首服（冠帽类）、躯干服（上衣、下裳、一体服）、足部服（鞋、袜）、手部服（手套），如图1-18所示。

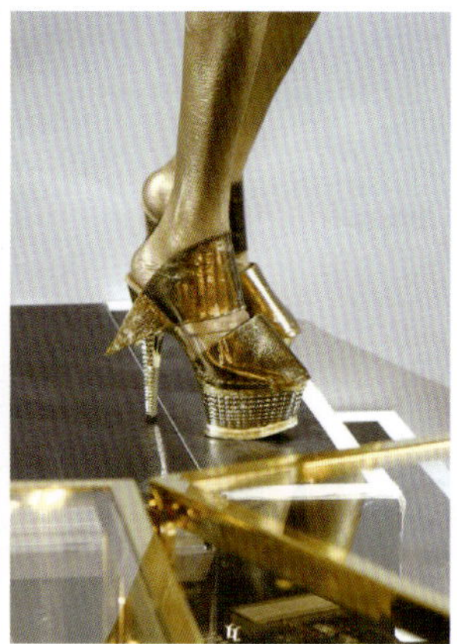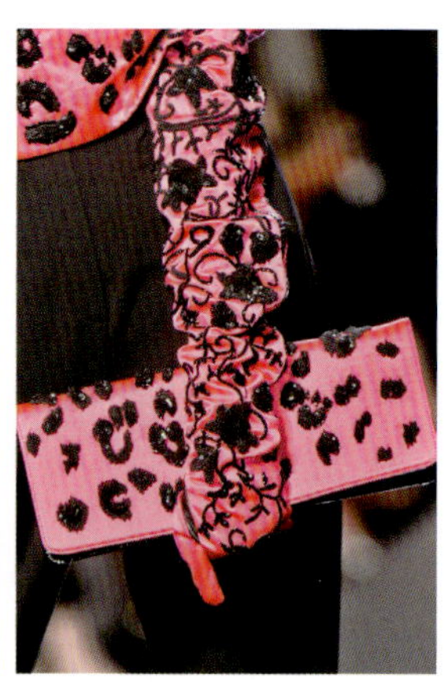

图1-18　首服、鞋子、手套作品

## 三、从气候方面进行分类

（一）季节

冬服、夏服、春秋服，如图1-19所示。

（二）地域

寒带服、热带服、温带服，如图1-20所示。

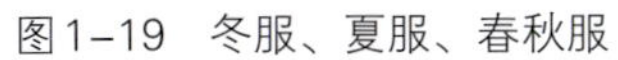

图1-19　冬服、夏服、春秋服

图1-20　寒带服、热带服、温带服

## （三）气象

防寒服、避暑服、防风服、防雨服、遮光服、防晒服，如图1-21所示。

图1-21　防寒服、防风服、防晒服

## 四、从社会性方面进行分类

### （一）职能

军服、警服、僧侣服、学生服、各种职业服及由于某些行动和任务而使用的特殊服，如图1-22所示。

图1-22　军服、学生服、特殊活动服

### （二）制度

制服、自由服（生活服），如图1-23所示。

图1-23　制服、生活服

### （三）扮饰

扮装用衣服（戏剧、电影、舞蹈等中使用的衣物）、假装用衣服（祭祀活动、巫术活动等使用的衣物）、化装用衣服（侦探、间谍等改变面目的衣物）、拟装用衣物（为了狩猎或对敌作战而使用的伪装衣服），如图1-24所示。

图1-24　扮饰类服装

## 五、从民族性方面进行分类

西式服（近代从西欧传来的服饰）、中式服（中华民族传统服装）、民族服（指世界各国独具特色的“国服”，如我国的旗袍、中山服、汉服；日本的和服；印度的沙丽等）、民俗服（地方服，区别于流行激烈的城市服）、国际服（世界通用的现代服饰），如图1-25所示。

图1-25　各类民族服装

## 六、从历史方面进行分类

可分为原始服装、古代服装、中世纪服装、近世纪服装、近代服饰、现代服饰，如图1-26所示。

图1-26　原始服装、古代服装及近代服装作品

## 七、从制作方式进行分类

可分为高级定制服装、成衣等，如图1-27所示。

图1-27　高级定制服装及成衣

## 八、从材料方面进行分类

可分为纤维类衣服、皮革类衣服、毛皮类衣服、塑料及其他杂制品服饰，如图1-28所示。

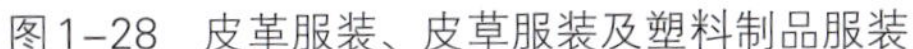
图1-28　皮革服装、皮草服装及塑料制品服装

# 第五节　服装设计的方法

## 一、服装设计方法的概念

服装设计方法是指结合设计要求，按设计规律完成的设计手段，我们既可以将这些方法进行单项的理解和训练，又可以将这些方法结合起来运用。时装设计是一种创造，它通过对构成服装的众要素进行变化重组，使其具有崭新的符合审美要求的面貌，从而完成服装新款的创造。

通过一种或几种设计手段（方法）

创造新的服装款式

## 二、服装设计方法

### （一）加减法

服装设计中的“加法”，顾名思义，也就是在服装设计的过程中，从一个小的单元素或一个拟设的主题进行展开式的设计方法。而“减法”则是一种运用否定的态度，把设计意识中不明确或多余的元素删除的设计方法。“加法”有利于丰富主题，对于积累设计经验、充实素材和不断更新、启动灵感产生是有意义的。“减法”设计则需要一个“自我否定”的意识，否定是一个排除的过程。因此，“减法”有利于明确主题，能够使格调突出、言简意赅。

在追求奢华的年代中，“加法”用得较多；在追求简洁的时尚中，“减法”用得较多。无论是“加法”还是“减法”设计，恰当和适度是非常重要的。在利用基本素材的基础上，不过多变化形体，而是运用原有素材的形态进行大小不同的组合。注重素材在设计上的增减，讲求素材在设计上的形式美感，在整体的造型表现上能依然清晰地见到原有素材形态的存在。

### （二）拆解组合法

选择一种或几种不同素材，在此基础上拆解或打破原有的素材形态，在某个设计主题中组合变化为一个有机的整体，创造出新的设计形象。采用拆解组合方法要注意避免刻板机械的设计组合。组合并不是将所有的元素进行堆砌，而是利用素材的精华要素，根据设计主题的需要，巧妙地进行拆解、组合造型，才能达到出奇制胜的设计效果。

### （三）自然模仿法

自然模仿法又叫仿生设计法。采用模仿自然形态的手法进行设计在许多表演服装中较为常见，尤其是在主题性极其明确的歌舞剧服饰表现中比较普遍。自然模仿法要着重于突出设计的写实性，它能直接表现出某种素材在服装上的外在形象，拉近人与素材的距离，烘托出设计主题的气氛。自然模仿的设计要集中体现素材的自然美感，去掉多余的纯制作意识，使作品自上而下流露出朴实自然的形象。

### （四）转移法

转移法是将一种事物转化到另外的事物中使用，这可以使在本领域难以解决的问题，通过移位，产生新的突破，它主要表现在按照设计意图将不同风格品种、功能的服装相互渗透，相互置换，从而形成新的服装品种，如将正装转移到休闲装，将时装转移到休闲装，转移过程中由于双方所分配的比例不同，会碰撞出很多种可能，主要属性就倾向于根据市场消费欲求选择。

借鉴素材进行设计，并不一味追求素材在服装上的再现，而是注意素材表现的内在因素。采用转移法的设计方法，要注意素材的特点，改变素材原有的形态，可以取素材的颜色或线条等局部特征，并利用服装特殊的表现手段加以处理，使之达到具有针对性的造型要求。

### （五）变异法

在改变原有素材形态的基础上，注重设计作品中象征的意义。变异并不是刻意强调变形，而是突出素材的内在含义，因为它给我们的感受是富有更多的象征性。采用变异方法，可以借助一幅画、一块颜色、一些线条等，把设计师对物的感受用抽象和象征的手法表现出来。

### （六）夸张法

这是一种常见的设计方法，也是一种化平淡为奇异的设计方法。在服装设计中，夸张的手法常用于服装的整体、局部造型。夸张不但是把本来的状态和特性放大，也包括缩小，从而造成视觉上的强化与弱化。夸张需要一个尺度，这是根据设计目的决定的。在趋向极端的夸张设计过程中有无数个形态，选择截取最合适的状态应用在设计中，是设计服装训练的关键。夸张法除针对造型外，还可以运用于面料、装饰细节，采用重叠、组合、变换、移动、分解等手法，从位置高低、长短、粗细、轻重、厚薄、软硬等多方面进行极限夸张，此法较适合于时装表演。自然的形态是最富有美感的，但是艺术设计离不开再创造，夸张的表现手法在设计中比较常见。夸张的手法就是利用素材特点，通过艺术的夸张手法使原有的形态发生变化，使之符合设计主题的定位，同时也达到一种形式美的效果。

### （七）同形异想法

利用服装上可变的设计要素，使一种服装外形衍生出很多种设计、色彩、面料结构、配件、装饰、搭配等，时装设计要素都可以进行异想变化。如可以在其内部进行不同的分割设计，当然需要充分把握好服装款式的结构特征。线条分割应合理、有序，使之与整体外形协调统一，或基本上不改变整体效果的前提下，对有关局部进行改进与处理。这种设计非常适合职业装、男装系列服装的设计，尤其在设计构思阶段，这种设计方法可以快速提示多处设计构想。

### （八）整体法

整体法是从整体出发逐步推进到局部的设计方法，它是由整体到局部再由局部到整体，完成全设计过程。可以从宏观上把握设计效果，要注意局部造型之间的关系。整体法可以根据风格要求，从造型角度考虑，然后确定服装的内部结构。也可根据设计主题要求先确定整体色调或面料，之后深入探讨细部的色彩配置，面料的组合。

### （九）局部法

这是一种以点带面的设计方法，从服装的某一个局部入手，再对服装整体和其余部位展开设计。日常生活中，要善于发现美的，精致的细节，从而引发设计的灵感，将其经过一定的改进，用于设计新的服装，而其他部位都会依据细节型特点的感觉进行顺势设计。

### （十）反面法

反面法又叫逆向法，就是在相反或对立的角度看待事物，寻求异化和突变结果的设计方法。突破常规思维所带来的设计结果往往是意想不到的。反面法可以是题材风格上的，也可以是理念、形态上的反对。色彩搭配的无序，面料的随意拼拢，矛盾的造型设计都是设计观念的反对。男女老少的逆向，前面与后面的反对，上装与下装的反对，内衣与外衣的反对，都是设计形态的反对。要注意不可生搬硬套，要协调好各设计要素，否则就会使设计显得生硬、牵强。

### （十一）组合法

组合法也叫结合法，是将两种性质、形态、功能不同的服装组合起来，产生新的造型，形成新的服装样式。这种设计方法，可以集中两者的优点，避免两者的不足。组合法用于不同功能零部件的组合，使新样式服装同时具有两种功能。组合，可以使新样式服装兼具双重性质。由于组合过程中比例的不同，新造型的效果也不同，组合不仅表现在形态上，也表现在对实质的汲取上。

### （十二）变更法

变更法是通过对已有服装的形、色、质及其他组合形式进行有选择的改变，形成新的服装款式的设计方法。采用变更法进行设计，易产生出别出心裁、富有创意的设计。在成衣设计中，有时往往只需要改变某一因素便可成为畅销的产品。

服装由设计、材料、制作三大要素构成，因此变更法在服装设计中的应用可从这三方面入手。

### （十三）追寻法

追寻法是以某一原型为基础，追踪寻找所有相关事物进行筛选整理。当一个新的造型设计出来以后，应该顺着原来的设计思路继续下去，把相关的造型尽可能多地开发出来，然后从中选择一个最佳方案，这种设计方法适合大量快速的设计。

### （十四）限定法

限定法就是围绕某一目标在某些要素限定情况下进行设计的方法，在服装设计中有价格限定、用途功能限定、尺寸限定，还有设计要素的限定，也有造型、色彩、面料结构、工艺上的限定。

有时在设计时只有单项限定，但有时在设计要求中会对多个方面进行限定。设计的自由程度受限定方面的影响，限定方面越多，设计越不自由，但也越能检验设计师的设计能力。

了解服装设计的方法，有助于我们在设计过程中思维更加理性，思路更加清晰。以上列举了几种常用的服装设计方法，其他的服装设计方法还有很多，设计师可以在设计实践中不断总结。这里必须注意，在设计时，不要被过多的方法所迷惑，造成不知所措的局面。要切忌在一件服装上使用太多设计的方法，导致没有重点的造型结果。

## 三、系列服装设计的概念

系列是表达一类产品中具有相同或相似的元素，并以一定的次序和内部关联性构成各自完整而又相互有联系的产品或作品的形式。服装是款式、色彩、材料的统一体，这三者之间的协调组合是综合运用的关系，包括造型与色彩、造型与材料、色彩与材料三方面的互换运用，如款式、色彩相同，面料不同，或者款式不同，面料、色彩相同等。在进行两套以上服装设计时，用这三方面去贯穿不同的设计，每一套服装中在三者之间寻找某种关联性，这就是系列服装设计，如图1-29、图1-30所示。

图1-29　系列服装效果图

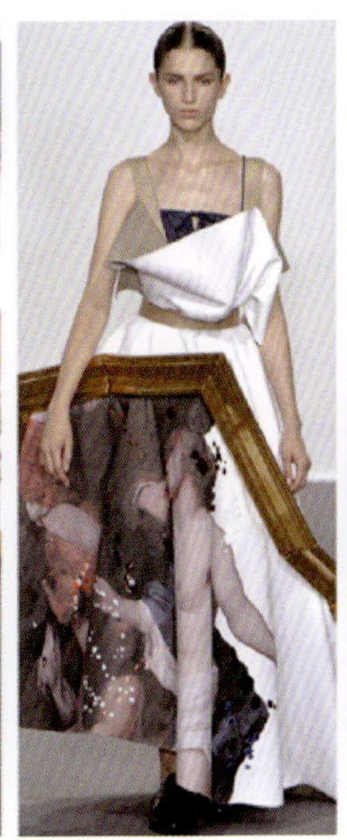

图1–30　Victor&Rolf系列作品

## 四、系列服装的设计方法

### （一）形式美系列法

形式美系列法是指以某一形式美原理作为统领整个系列要素的系列设计方法。节奏、渐变、旋律、均衡、比例、统一、对比等形式美原理都可以用来作为系列化服装设计的要素，即对构成服装的廓形、零部件、图案、分割、装饰等元素进行符合形式美原理的综合布局，取得视觉上的系列感。比如，用对比的手法将服装的外部廓形和局部细节进行设计组合，使得每一单品均出现一种视觉效果十分强烈的对比性，整个系列给人一种活跃、动感、刺激的印象。形式美系列法应用于服装设计时，必须以主要形式出现，形成鲜明的设计要点，成为整个系列设计的统一或对比要素，再经过服装造型和色彩的配合，就形成很强的系列感。

### （二）廓形系列法

廓形系列法是指整个系列服装的外部造型一致，以突出廓形的统一为特征而形成系列的系列设计方法。这种系列服装可以在服装的局部结构上进行变化，如对领口的高低、口袋的大小、袖子的长短、门襟的处理等进行变化与设计。服装的外观造型虽然一致，但内部结构细节不同，使整个系列服装在保持外轮廓特征一致的同时仍然有丰富的变化形式，以此来强调系列服装的表现力。运用廓形系列法要注意外部轮廓应该有较明显的统一特征，否则会显得杂乱无章，难以成系列。如果为了更突出系列性，在色彩的表现和面料的选用上也可以使用某些同一元素，使服装的系列感更强。

### （三）细节系列法

细节系列法是指把服装中的某些细节作为关联性元素来统一系列中多套服装的系列设计方法。作为系列设计重点的细节要有足够的显示度，以压住其他设计元素。相同或相近的内部细节可利用各种搭配形式组合出丰富的变化，通过改变细节的大小、厚薄、颜色和位置等，就可以使设计结果产生不同效果。比如，用立体的坦克袋作为系列设计的统一元素，就可以将口袋的位置进行变化性的位移设计，或者用大小搭配、色彩交叉等手法将其贯穿于所有设计之中。

### （四）色彩系列法

色彩系列法是指以色彩作为系列服装中的统一设计元素的设计方法。这种色彩可以是单色，也可以是多色，贯穿于整个系列之中。由于色彩系列法容易使设计结果变得单调，因此在廓形和细节等变化不大的情况下，可以适当地通过色彩的渐变、重复、相同、类似等变化，取得形式上的丰富感。色彩有色相、明度、纯度之分，还有有色彩和无色彩之分，所以，色彩系列法可据此分为色相系列、明度系列、纯度系列和无色彩系列。强调色彩是系列服装设计中经常用到的设计手法，它不仅能准确地表达流行中的主要内容——流行色彩，同时也增添了服装的魅力，丰富了服装的表现语言。色彩系列手法是多种多样的，有的是在面料上进行穿插或呼应，使视觉效果更加丰富多彩；有的通过某种色彩的强调，形成一个系列服装的主要亮点。

### （五）面料系列法

面料系列法是指利用面料的特色，通过对比或组合去表现系列感的系列设计方法。通常情况下，当某种面料的外观特征十分鲜明时，其在系列表现中对造型或色彩的发挥可以比较随意，因为此时的面料特色已经足以担当起统领系列的任务，形成了视觉冲击力很强的系列感。

### （六）工艺系列法

工艺系列法是指强调服装的工艺特色，把工艺特色贯穿其间成为系列服装关联性的系列设计法。工艺特色包括饰边、绣花、打褶、镂空、缉明线、装饰线、结构线等。工艺系列设计一般是在多套服装中反复应用同一种工艺手法，使之成为设计系列作品中最引人注目的设计内容。如果工艺特色仅仅是在服装上点缀一下而已，则不能形成服装的风格特色，就会成为附属而已。

### （七）饰品系列法

饰品系列法是指通过强调与服装风格相配的饰品设计来形成系列服装的系列设计方法。面积较大且系列化的饰品可以烘托服装的设计效果，也可以改变服装的系列风格。用饰品来组成系列的服装大都款式简洁，然后大胆利用服饰品，突出服饰品装饰的作用，追求服饰风格的统一和别致。运用饰品系列法也要遵循统一中求变化，对比中求协调的法则，注意系列整体效果而不能随便添加。以此形式为系列设计时，饰品在服装中要达到较大面积的比重。

### （八）题材系列法

题材系列法是指利用某一特征鲜明的设计题材作为系列服装表达其主题性面貌的系列设计方法。主题是服装设计的主要因素之一，任何设计都是对某种主题的表达。服装是由款式、色彩、材质组合而成，三者要协调统一就得有一个统一元素，这个统一元素就是设计的主题内容。它使得设计围绕主题进行造型、选择材料、搭配颜色，否则，造型、色彩、材质各自为政，就会使得系列设计缺乏主题而变得毫无意义。

# 第二章

# 服装设计元素

第一节　服装的造型
第二节　服装的色彩
第三节　服装的面料
第四节　服装的零部件造型设计
第五节　服装的装饰与细节

# 第一节 服装的造型

从设计学的角度来分析，造型是设计之初最基本的形象元素。服装的造型特征决定了服装款式的主要风格，服装的造型可分为外造型和内造型。

外造型主要是指服装的外轮廓形体，内造型指服装内部的结构和款式。服装的外形是设计的主体，而内造型设计要符合整体外观的风格特征，内外造型应相辅相成。

## 一、服装廓形构造

服装廓形造型指的是服装外轮廓的设计，是服装造型的根本。服装造型的总体印象是由服装的外部造型决定的，它进入视觉的速度和强度高于服装的局部细节，如图2-1所示。服装设计作为一门视觉艺术，其外形轮廓能否给人以深刻的印象，是设计成功的第一步。服装的外部造型是用来区别和描述服装的重要特征。因此，设计师可以从服装外部造型的更迭变化中，分析出服装发展演变的规律，进而可以更好地预测和把握服装流行趋势。以下我们按最为通用的字母型分类法，为大家具体分析，包括A型、T型、X型、H型、O型五大类。

图2-1 服装廓形构造

### （一）A型

A型也称正三角形，外形似英文字母“A”。整体造型以紧身型为基础，肩部自然，用各种方法放宽下摆，整体呈现上窄下宽的外轮廓型。A型具有活泼、潇洒、个性化的造型效果，流动感强、富有活力的特点。用于女装给人产生华丽、飘逸的视觉感受。被广泛用于大衣、披风、连衣裙等的设计中，如图2-2所示。

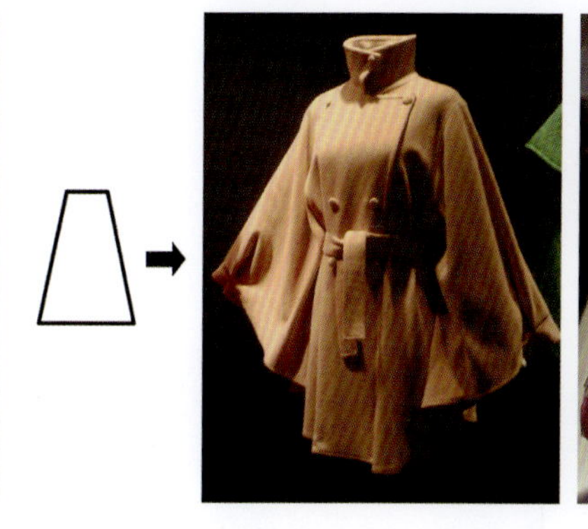

图2-2　A型廓形造型

## （二）T型

T型外形线类似倒梯形或倒三角形，此种造型强调的是夸张的肩部造型，与之相对应的下摆部分做收紧的处理，会使肩部造型更加突出，形成上宽下窄的外形轮廓。“T”型廓形体现了穿着者大方、洒脱、较男性化的性格特点。多用于男装，在服装中性化的浪潮中也成为女装流行的时尚。对窄肩、平胸、溜肩等形体有弥补作用，如图2-3所示。

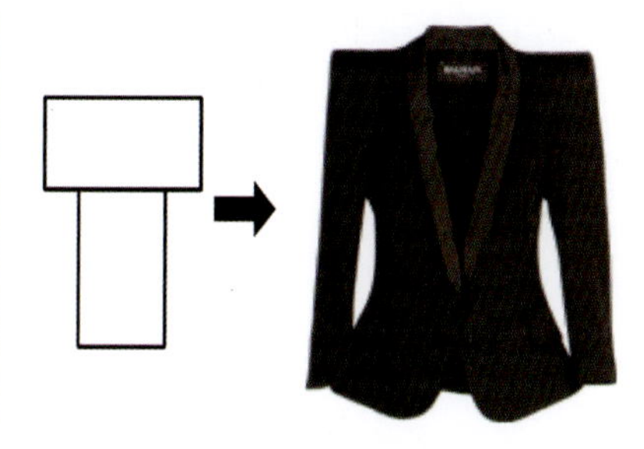

图2-3　T型廓形造型

## （三）X型

X型是A型和Y型的综合。服装夸张肩部和下摆，腰部呈收紧状态，“X”造型最能体现女性的形体特征。“X”型线条的服装与女性身材的优美曲线吻合，体现了女性柔和、优美、女人味浓的性格特征。可充分展示和强调女性魅力，显得富丽、活泼，如图2-4所示。

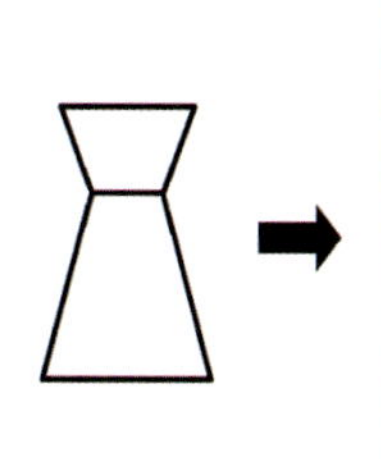

图2-4　X型廓形造型

（四）H型

H型也称矩型、箱型、筒型或布袋型。其造型特点是肩平、不收紧腰部、筒形下摆，因其形似大写英文字母“H”而得名。服装整体的肩部、腰部、下摆尺寸没有明显变化，遮盖胸、腰、臀等部位的曲线，呈现直线形外观。“H”型服装具有修长、简约、宽松、舒适的特点，这样的造型略显干练、简明、稳重、严肃的风格，呈现轻松飘逸的动态美，舒适、随意。同时H型造型可掩盖许多体型上的缺点，修饰人体的不足，如图2-5所示。

图2-5　H型廓形造型

（五）O型

O型呈椭圆形，其造型特点是肩部缩小、腰部放大、下摆缩小，整体线条没有明显的棱角，特别是腰部线条松弛，不收腰，整体外形比较饱满、圆润，呈现蛋形的造型。“O”型造型显得相当活泼，很有趣味，体现了穿着者休闲、舒适、随意的性格特点，如图2-6所示。

图2-6　O型廓形造型

## 二、服装的造型要素

服装的造型要素指的是服装的内部结构造型，是建立在服装轮廓内的服装某一部分的结构，它是组成外轮廓造型的重要组成部分。服装的内造型设计，对塑造服装的外造型，增添服装的装饰性、趣味性和功能性等起到了至关重要的作用。服装内造型包括结构线、领型、袖型和零部件等。

### （一）服装结构线

服装结构线是指体现在服装的各个拼接部位，构成服装整体形态的线。结构线具有塑形性和合体性，相对于形态美观而言，主要是为了使结构更合理。服装结构线是依据人体而确定的，因此合身舒适、便于行动是其首要的特点。在此基础上，还要强调其装饰美感以达到美化人体的效果。既然结构线是依据人体而定，那么其合体性、塑形性是服装上任何其他线条所不能比的。结构线设计一定要根据不同面料的可塑性来选择合适的结构线处理方法，以使结构线与材料互相适合、切合人体。

由于服装的结构分为衣片的接合线条和服装的装饰线条，因此服装结构线分为造型结构线和装饰结构线两种。

#### 1.造型结构线

造型结构线是指服装设计制版中根据人体结构的变化特征设计的剪裁分割线，如肩缝线、门襟线、后中线、袖笼线等。它的特点就是服装造型线均是产生在人体的转折部位、活动部位等关键部位，以符合人体结构为基本要求，是属于功能性、实用性的结构线。造型结构线根据其功能和作用又可分为结构剪裁线和省道线。

省道设计是为了塑造服装合体性而采用的一种塑形手法。人体是曲面的、立体的，而布料却是平面的，当把平面的布披在凹凸起伏的人体上时两者是不能完全贴合的。为使布料能够顺应人体结构，就要把多余的布料剪裁掉或者收褶缝合掉，这样制作出来的服装就会非常合体。被剪掉或缝褶部分就是省道，其两边的结构线就是省道线。主要有胸省、腰省、臀省、腹省、肩省、背省、肘省、领省等。形态多为枣核省、锥形省、平省、弧形省等。现代服装省道的设计，已不再是传统的手法延伸运用，不但是造型手段，也作为服装装饰手段进行设计。例如将传统的省道位置、大小、长度、形状、里外做变化，或是集中或是分散等，以达到别致的设计效果。在实际设计中，省的具体形状也很多，且大都是以基本省道进行相应的省道转移得来的。省道转移也是女装结构设计中的重要内容，如图2-7所示。

图2-7　造型结构线

#### 2.装饰结构线

装饰结构线是指为了服装造型的设计视觉需要而使用的分割线，附加在服装上起到美化、装饰的作用。分割线所处部位、形态和数量的改变会引起服装设计视觉艺术效果的改变。装饰结构线可以结合功能性的结构线进行设计，也可以根据需要进行装饰性的分割，分割的部位在服装的任何部位都可以，视设计目的而定。在不考虑其他造型因素的情况下，服装中线构成的美感是通过线条的横竖曲斜与起伏转折以及富有节奏的粗犷纤柔来表现的。装饰结构线的工艺处理手段有两种，一是剪裁分割面料缉缝形成线条，二是在面料上用缉线、绣线等工艺形成线条，如图2-8所示。

以上两种分割线型结合，形成了结构装饰分割线。这是一种处理比较巧妙并能同时符合结构和装饰需要的线型，将造型需要的结构处理隐含在对美感需求的装饰线中。相对前两种分割线而言，结构装饰分割线的设计难度要大点，要求要高一点。因为它既要塑造美的形体，同时又要兼顾设计美感，而且还要考虑到工艺的可实现性，对工艺有较高的要求，如图2-9所示。

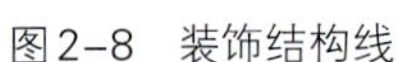

图2-8　装饰结构线

图2-9　综合结构线

（二）领型造型要点

衣领是服装至关重要的部分，因为接近人的头部，映衬着人的脸部，所以最容易成为视线集中的焦点。衣领的设计是以人体颈部的结构为基准的，通常情况下衣领的设计要参照人体颈部的四个基准点，即颈窝点、颈椎点、颈侧点、肩端点。颈窝点是锁骨中心处凹陷的部位；颈椎点是后背脊椎在颈部凸起的部位；颈侧点是前后颈宽中间稍偏后的部位；肩端点是肩臂转折处凸起的点。

领型的设计要考虑到脸型特点以及颈部长短、粗细的特征，并要充分运用视错原理，进行领型的选择与设计。如颈部粗短者适宜选用深而窄的领口，长形的脸型配以圆领型则削弱脸长的弱点。总之，在设计领型时兼顾美观与协调，因人而异地设计造型。在装饰领子时，多采用滚边、绣花、异样布衬托等手法使之与整体协调匀称如图2-10所示。后续单元中会对领子的具体分类和造型做详细介绍。

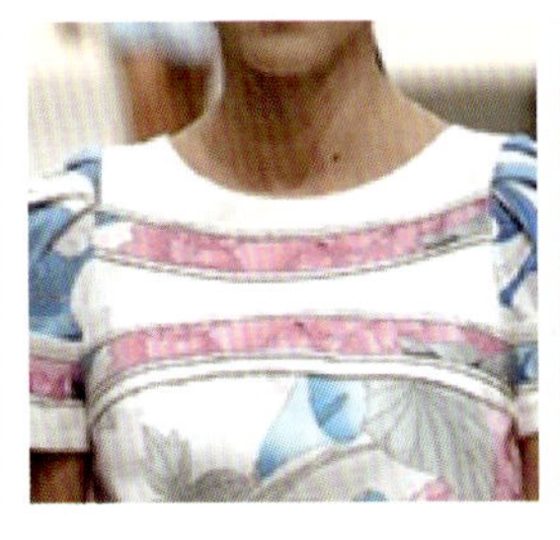

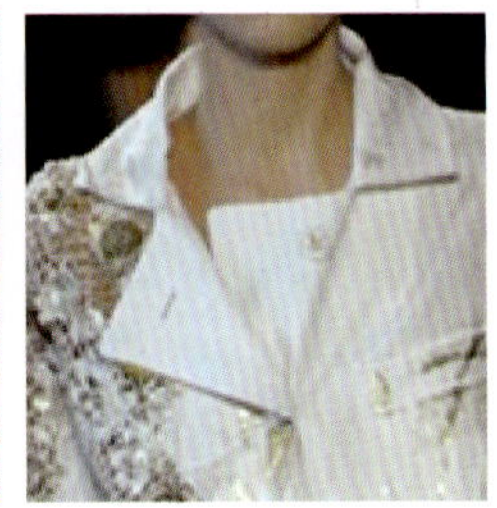

图2-10　领型造型

（三）袖型造型要点

衣袖设计也是服装设计中非常重要的一部分。人的上肢是人体活动最频繁、活动幅度最大的部位，它通过肩、肘、腕等部位进行活动，从而带动上身各部位的动作发生改变。同时，袖窿处特别是肩部和腋下是连接袖子和衣身的最重要部分，设计不合理，就会妨碍人体活动。如袖山高不够，将胳膊垂下时就会在上臂处出现太多皱褶或在肩头拉紧；袖山太高，胳膊就难以抬起或者抬起时肩部余量太大，所以要求肩袖设计的适体性要好。同时，衣袖在服装整体中所占比例较大，其形状一定要与服装整体相协调，如非常蓬松的外形加上紧身袖或筒形袖，可能其审美效果就不好。所以，衣袖设计更要讲究装饰性和功能性的统一。

衣袖设计主要可分为袖山设计、袖身设计、袖口设计三部分，如图2-11所示。后续单元中会对袖子的具体分类和造型做详细介绍。

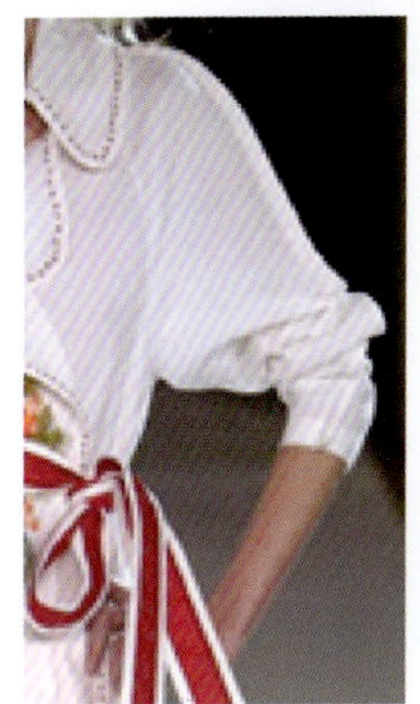
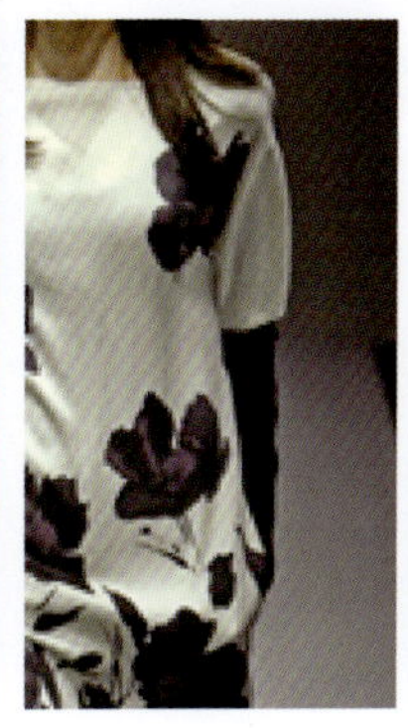

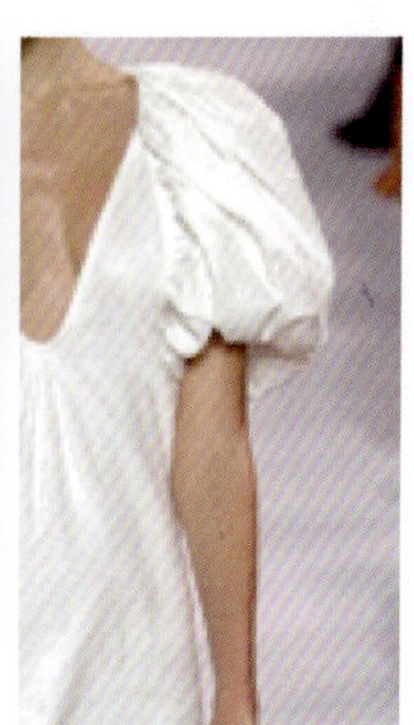

图2-11　袖型造型

### （四）兜袋造型要点

在成人服装的部件设计中，与领子、袖子设计相比，口袋可以算是比较小的零部件。服装袋型设计按照工艺特点，大体可分为贴袋、插袋和挖袋三大类。其中贴袋是将布料直接剪成各式袋形贴缝在衣片外表的一种口袋，故又称明袋。它的制作简单，但要求制作时位置要正，多有明线装饰。式样变化随意，较多地应用于童装和休闲装。插袋是一种较为朴素而隐蔽的袋型，多从拼接缝中留出袋口，如裤子的侧插袋等。挖袋是在衣片表面剪挖袋口而制成的口袋，有暗袋之称，其工艺要求较高，品种多样，较广泛地应用在男女装并适合多种场合穿着使用。

袋型设计中要求充分考虑到袋型与整体之间的比例、大小、颜色、位置、风格等因素是否协调统一。一般来说，童装、工作服、旅游服应注重袋型设计，而睡衣、礼服等则不强调袋型设计，轻柔的丝绸类服装多不加口袋。口袋的装饰手法很多，有缉明线、加褶、镶边、装饰扣、贴绣花纹样等。但都要与整体的和谐性及款式造型的风格相一致，如图2-12所示。

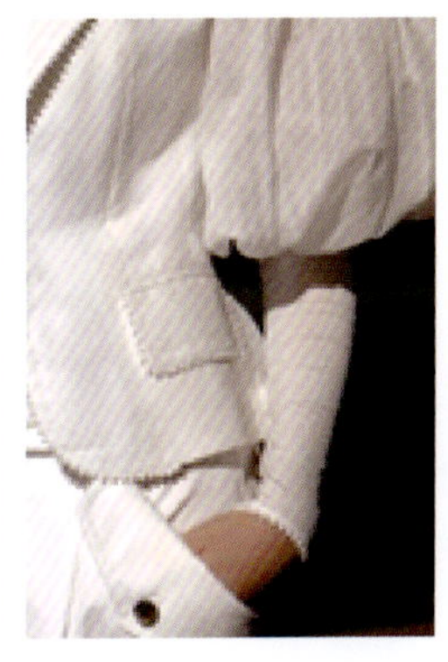

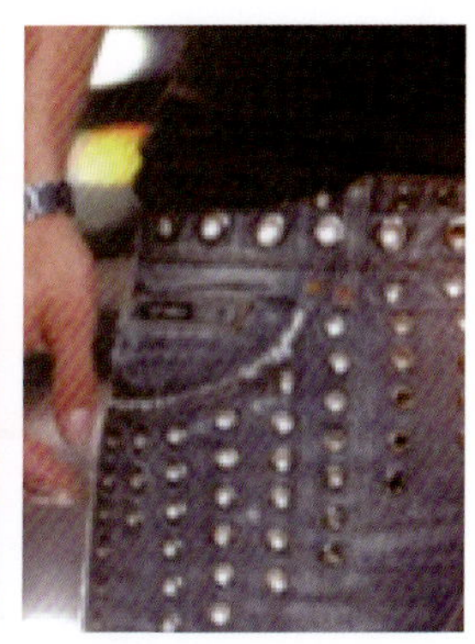

图2-12　兜袋造型

### （五）门襟造型要点

门襟是服装的“门脸”，位于服装的前中线处，是非常重要的部位。由于人体的左右对称性，大多数服装都使用对称式的造型。随着时代的进步，设计师打破了常规，出现了许多不对称的造型设计，此种门襟的设计相对比较灵活。门襟的设计方法、制作工艺、装饰手法等非常丰富，因此外观表现的种类也十分繁多。

门襟根据是否闭合可分为闭合式门襟和敞开式门襟。闭合式门襟是通过拉链、纽扣、粘扣、绳带等不同的连接设计将左右衣片闭合，这类门襟比较规整实用。从服装的功能性角度来讲，服装中的闭合式门襟使用得较多。敞开式门襟就是不用任何方式闭合的门襟，如毛衣开衫、小披肩、小外套等多使用这类门襟。

门襟从制作工艺角度还可以分为普通门襟和工艺门襟。普通门襟就是用最基本的制作工艺将门襟缝合或熨平；工艺门襟则是通过镶边、嵌条、刺绣等方式使门襟具有非常漂亮的外观。

门襟还可以根据厚度和体积分为平面式门襟和立体式门襟。一般的门襟都是平面式门襟，这种门襟规范严谨，使用范围广泛。将面料层叠、抽褶、系扎或者经过其他工艺手段处理形成一定体积感的门襟则属于立体式门襟。立体式门襟具有较强的艺术效果，在设计上可以相对花哨点，显得活泼可爱，所以也有很多花样，在表演性服装中变化更多，如图2-13所示。

图2-13　门襟造型

图2-14　拉链应用

### （六）拉链应用要点

拉链设计是现代服装细节设计中的重要组成内容，拉链也是服装中广泛使用的造型辅助品。主要用于服装门襟、领口、裤门襟、裤脚等处的设计中，用以代替纽扣。如牛仔套装、运动装、羽绒服、夹克、皮靴等的设计中几乎离不开拉链的使用。服装上使用拉链可以省去挂面和叠门，也可免去开扣眼，可简化服装制作工艺。由于拉链属于对齿咬合，会使服装外观更加平整。拉链的种类非常繁多，从材料上看，拉链有金属拉链、塑料拉链、尼龙拉链之分。金属拉链经常用于夹克、牛仔装；塑料拉链多用于羽绒服、运动服、针织衫等；尼龙拉链则较多用于夏季服装。根据服装拉链是否需要暴露在外，拉链还可以分为明拉链和隐形拉链。明拉链多用于厚重结实、风格粗犷的服装中；隐形拉链多用于单薄柔软、风格细腻的服装中。从式样上看，拉链可以一端开口，也可以两端开口，还可以将拉链头正反两面使用，而且还可以有粗细、形状的不同变化。以拉链为主题的服装设计也频频问世，如图2-14所示。

# 第二节 服装的色彩

每种色彩都有其不同的表达含义，且由于色彩的特性，不同的色彩还会给人带来不同的视觉感受，产生视错效果。视错是由于人的生理和心理上的原因，在某种情况下，人的视觉会与外界不一致，产生视觉上的错觉。色彩、形状的大小、运动和静止的事物都可能产生“视错”，因此可以把视错分为色彩视错、线的视错和对比视错三种。其中，色彩视错是以色彩的冷暖对比为基础的，利用暖色扩展、冷色收缩的视错规律影响服装外形效果。体型胖的人适宜深而暖的面料，而体型瘦的人可以选择亮而浅的颜色。在服装造型设计中，利用视错原理来弥补人们在穿着时的外形缺陷，对于美化着装有着重要意义和作用。在服装设计中，为了更合理地使用颜色，设计者们一定要对色彩进行深层次研究。

## 一、色彩的个性

### （一）色彩的特征

1.象征性

如古代的黄色是帝王色，红、紫色是贵族色；现代的白衣天使、绿色军装；葬礼中西方为黑色主调，我国为白色主调。

2.功能性

迷彩服有掩饰的作用；救生衣为橙色，因为橙色是对人的感官刺激最强的颜色，比较醒目。

3.场效性

我国婚礼以红色为主题色；西方婚礼以白色为主题色。

4.季节性

春夏季适合穿鲜艳的颜色，起到反射阳光的作用；秋冬适合穿深暗的颜色，起到吸收阳光、保暖的作用。

5.主观性

年轻人偏爱鲜艳色；老年人偏爱淡雅色。

6.流行性

服装流行是有周期的，一般为5 ~ 7年，其中鼎盛期为1 ~ 2年。

### （二）色彩的感觉

1.色彩的冷暖

颜色能让人在心理上有冷暖感觉之分。不过，这只是颜色所具有的心理效果中最普通的一种。红色、橙色、粉色等就是“暖色”，可以使人联想到火焰和太阳等事物，让人感觉温暖。与此相对，蓝色、绿色、蓝绿色等被称为“冷色”，这些颜色能让人联想到水和冰，使人感觉寒冷。

2. 色彩的进退和胀缩感觉

当两个以上的同形同面积的不同色彩，在相同的背景衬托下，给人的感觉是不一样的。当白色与黑色在灰背景的衬托下，我们感觉白色比黑色离我们更近，而且面积比黑色更大。当高纯度的红色与低纯度的红色在白背景的衬托下，我们感觉高纯度的红色比低纯度红色离我们更近，而且面积比低纯度的红色更大。

因此，在色彩的比较中给人以比实际距离近的色彩叫前进色，给人以比实际距离远的色彩叫后退色。给人感觉比实际大的色彩叫膨胀色，给人以比实际小的色彩叫收缩色。

3. 色彩的强弱感

有彩色比无彩色的色彩感觉要强，如图2-15所示。

4. 色彩的轻重

决定色彩轻重感觉的主要因素是明度，即明度高的色彩感觉轻，明度低的色彩感觉重；其次是纯度，在同明度、同色相条件下，纯度高的感觉轻，纯度低的感觉重；在色相上，暖色黄、橙、红给人的感觉轻，冷色蓝、蓝绿、蓝紫给人的感觉重，如图2-16所示。

图2-15 色彩的强弱

图2-16 色彩的轻重

5. 色彩的软硬

暖色感觉软；深色感觉硬。如冬天的大衣多采用深色，显硬朗，而婴儿服多为浅淡色，显得柔软。

6. 色彩的明快感与忧郁感

明快感：明度高而鲜艳的色彩、高明度色调、强对比色调。

忧郁感：深暗而浑浊的色彩、低明度色调、弱对比色调，如图2-17所示。

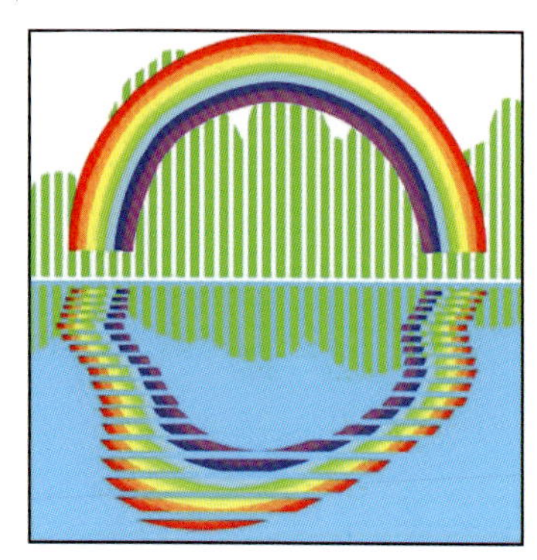
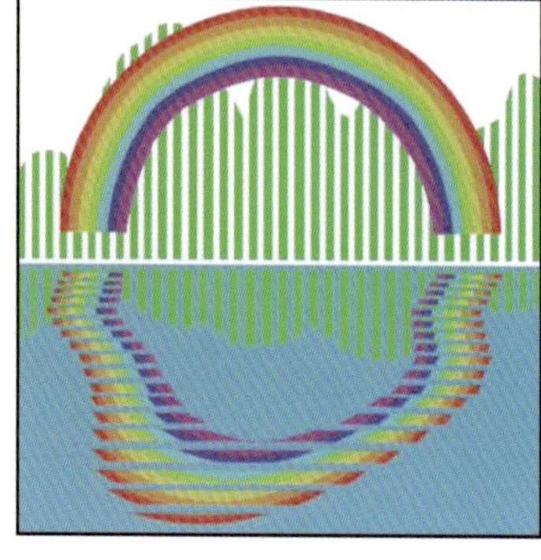
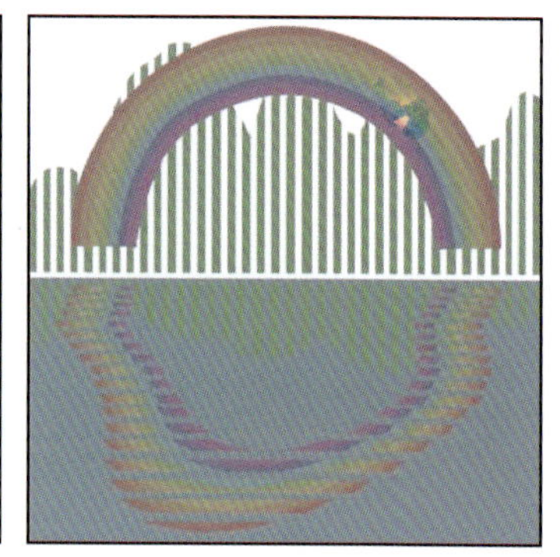

图2-17 色彩的明快与忧郁

7. 色彩的兴奋感与沉静感

色相：暖色→兴奋；冷色→沉静；强对比→兴奋。

明度：高→兴奋；低→沉静；弱对比→沉静。

纯度：高→兴奋；低→沉静。

例如，我们常利用兴奋的色彩装饰娱乐场所；相反，医院等处使用能使患者安静的沉静色，如图2-18所示。

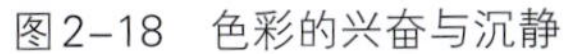
图2-18　色彩的兴奋与沉静

8. 色彩的华丽感与朴素感

色彩的三要素以及质感对华丽及质朴感都有影响，其中纯度关系最大。明度高、纯度高的色彩，丰富、强对比的色彩感觉华丽、辉煌；明度低、纯度低的色彩，单纯、弱对比的色彩感觉质朴、古雅，如图2-19所示。

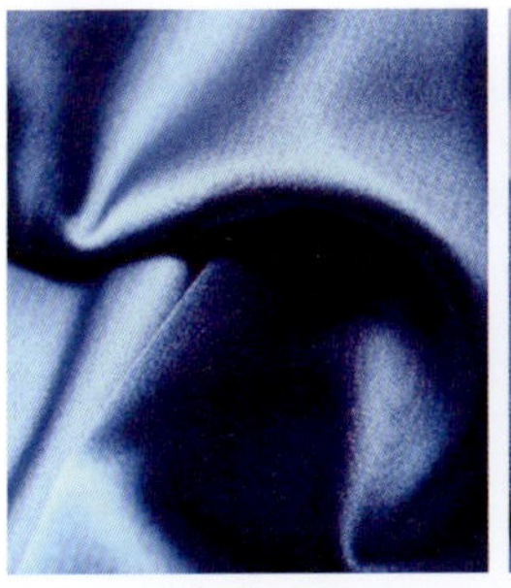

图2-19　色彩的华丽与朴素

（三）色彩的联想及象征

1. 红色

看到红色，使人联想到的具象事物是火焰、血液、红旗、中国结、红灯笼等，易使人联想到的抽象形态为炎热、战争、革命、热情、激怒、危险、恐怖等。

在服装领域里，红色被当作是一种强调色。如和无色彩中的黑白灰搭配就会塑造出精明、干练的形象。使用红色作为刺激感官和充满热情的颜色，能促使人们感到力量和动力，如图2-20所示。

图2-20　红色系服装

2. 橙色

看到橙色，使人联想到的具象事物是香橙、夕阳、麦田、灯光等，易使人联想到的抽象形态为甜蜜、温暖、丰收、喜欢等。

橙色的视觉效果比红色弱，但也能使人

联想到火焰。因此，温暖而充满活力的橙色形象可以表现出精力旺盛的形象。从心理学的角度讲，橙色有增强人食欲的感觉，还具有以社交性和亲和力而引起周围人群关注的特征。在服装领域，橙色主要运用在休闲服和运动服上，如图2-21所示。

3.黄色

看到黄色，使人联想到的具象事物是阳光、灯光、柠檬、迎春花、黄金等，易使人联想到的抽象形态为光明、希望、快乐、活泼、富贵等。

在心理学中，偏爱黄色的人处事果断，对新鲜事物有强烈的冒险精神。黄色可以表现出干净的形象，能给人们带来快乐。在服装领域，黄色有较强的视觉冲击力。

黄色是一种过渡色。它能使兴奋的人们更兴奋，活跃的人更活跃；同时，它也能使焦虑者更焦虑、抑郁者更抑郁。黄色对人的感官刺激作用也十分强烈。在我国几千年的历史中，黄色曾一直是权力的象征，尤其是皇权的象征，明黄、金黄等为皇帝专用，如图2-22所示。

图2-21　橙色系服装

图2-22　黄色系服装

4.绿色

看到绿色，使人联想到的具象事物是大自然的树木、草地、蔬菜，等等，易使人联想到的抽象形态为和平、青春、宁静、安全、成长、健康等。

在心理学中，偏爱绿色的人性情温和，讲究礼节，并拥有融洽的社会关系，不喜欢纷争，有牺牲精神，是典型的和平主义者。在服装领域，各个年龄阶层都会穿绿色，年轻一代是主导者。绿色给人带来亲和力，安定，沉着感强。

喜欢绿色的女性被认为是“坚韧实际的母亲型”，生活中她们安于现状，行动慎重并很努力，但害怕冒险和超前，性格内向且常常压抑自己的欲望，在感情方面羞于主动，如图2-23所示。

图2-23　绿色系服装

5.蓝色

看到蓝色，使人联想到的具象事物是蓝天、大海、远山等，易使人联想到的抽象形态为平静、理智、高尚、深远、沉着、稳重等。

在心理学中，偏爱蓝色的人属于讲究逻辑思维和现实主义的人，深沉、专一、敏感、要求完美。在服装领域，蓝色被普遍应用在夏季服装上，如图2-24所示。

6. 紫色

看到紫色，使人联想到的具象事物是丁香花、紫藤、葡萄等，易使人联想到的抽象形态为梦幻、神秘、优雅、高贵等。

在心理学中，偏爱紫色的人具有热情、浪漫的性格。这类人在艺术界较为普遍。紫色还可以象征财富和信仰。紫色色系中的淡紫色和紫罗兰一直是贵族气质和神秘形象的代表色。在服装领域，紫色可以表现出性感之美。穿着紫色礼服可以表现女性优雅高贵的形象。

在封建社会，紫色常被达官贵人所选用。于是，历史上曾用“紫色门第”指代达官贵人的家庭，如图2-25所示。

图2-24　蓝色系服装

7. 棕色

看到棕色，使人联想到的具象事物是土壤、大地、陶器、枫叶、庄家等，易使人联想到的抽象形态为朴实、保守、沉着等。

在心理学中，人们可以在棕色中找到精神上的安定感和温暖感。因此，偏爱棕色的人责任心强，性格较外向。棕色色系的颜色给人以充满安定感和精明、干练的形象。在服装领域里，利用棕色拥有的朴素之感可以塑造忠厚的形象，如图2-26所示。

图2-25　紫色系服装

8. 白色

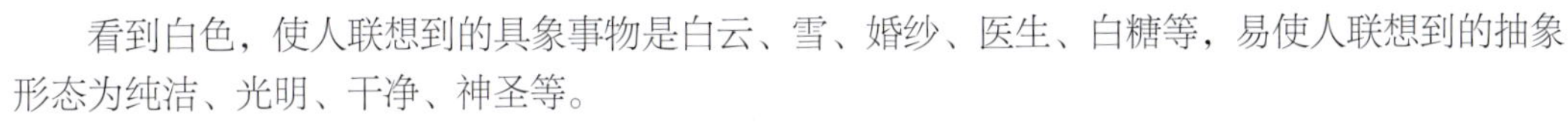

看到白色，使人联想到的具象事物是白云、雪、婚纱、医生、白糖等，易使人联想到的抽象形态为纯洁、光明、干净、神圣等。

白色给人带来纯净、高贵、神圣、洁白等感觉。白色是洁净和纯洁的代表，表达和平之意。有时，白色还能引发人们的孤独感。偏爱白色的人非常在意自己周围的人，有着追求完美的理想的倾向。在服装领域，白色因具有清洁、纯洁、纯净等象征意义，因此适用于婚纱和礼服，并能塑造出梦幻般的浪漫的形象。虽然单一的白色服装显得简单，但按照不同的剪裁完全可以塑造出华丽的形象，如图2-27所示。

图2-26　棕色系服装

图2-27　白色系服装

9.黑色

看到黑色，使人联想到的具象事物是黑夜、墨水等，易使人联想到的抽象形态为寂静、恐怖、严肃、正义、邪恶、刚强等。

偏爱黑色的人好压抑自己的感情，具有不坦率、忧郁的性格。佩戴黑色饰品能起到突出表现效果。黑色与其他颜色搭配可以表现出较鲜明、强烈的形象。作为正装，黑色能表现出沉稳、严肃的形象，如图2-28所示。

图2-28　黑色系服装

## 二、色彩的搭配与运用

### （一）色相配色

色相配色是指用色相不同的颜色相配来取得变化的效果。

1.单色配色

单纯应用一种色的纯度变化或明度的差别进行配色，因属同一色而易取得和谐效果。生活中，服装给人的印象首先是由各类色彩构成的。单色搭配是服装配色中的重要组成部分，所形成的是具有较高的审美情趣，给人稳重、成熟的感觉，一般职业女性多选择此类搭配，如图2-29所示。

2.邻近、类似色配色

邻近色配色：以色相环上相距30°以内的色相配。由于色差小，故主调性明确，容易取得调和。此法含蓄、微妙，但易造成单调、缺少变化之感，如图2-30所示。

类似色配色：以色相环上相距45°左右的色彩进行配色。由于色差适度，所以对比与调和的关系较易处理。如橙配黄、蓝配绿、白配灰、等，就属于类似色搭配，如图2-31所示。

类似和相似搭配由于富于变化，色彩差异较大，服装更显活泼与动感。但是搭配的难度也更大，讲究也更多，弄不好会给人“太不和谐”的感觉。因此，要认真考虑色彩的明度差异以及纯度变化，尽量满足自己及公众的审美需要。

3.对比色、补色配色

运用色相环上相距135°至180°的色相进行配色。如处理得好，会产生非常迷人的配色效果；如运用不当，则失败的可能性很大。如黄色与紫色，红色与青绿色，这种配色比较强烈。在进行服饰色彩搭配时应先衡量一下，你是为了突出哪个部分的衣饰，如图2-32所示。

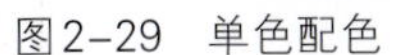

图2-29　单色配色

图2-30　邻近色配色

图2-31　类似色配色

图2-32　对比色、补色配色

4. 多色配色

在服装的整体色彩组合关系中，包括了诸多的因素，如内衣、外套、下装、配件、首饰等，它们各有其不同的色彩特征。多色配色方法就是运用协调、统一的原理，使不同的色彩组合在一个统一体中。

多色配色最关键的是抓住主色调。使用四个或者四个以上的颜色进行搭配调和的过程中，避免各色等量分配，应从中选出主导色，并排出其他色彩的大小配置顺序。抓住主色调好比抓住一首乐曲的主旋律，设置一个最大面积的大色块或几个相同色块，然后适当配置小面积的辅助色、点缀色、调和色等，这样既突出了重点，强调了色调，又显得丰富多彩，如图2-33所示。

图2-33　多色配色

### （二）明度配色

明度配色是指以明度为主进行服装色彩搭配的方法。对整体气氛起决定作用的一是调性，二是明度差。

1. 高调

高调是指主色调采用高明度色。整体色浅而明亮，有轻松、优雅、明快、凉爽等倾向，如图2-34所示。

2. 中调

中调是指以中明度色为主面积的配色。由于主色调明度中等，所以即使是用高明度或低明度色作为配色也不会单在明度上构成很强的对比，如图2-35所示。

3. 低调

低调是指以低明度色为主面积的配色，即用较黑、较暗的色构成主调。整体上有凝重、深沉、严肃、忧郁的风格，如图2-36所示。

图2-34　高调配色

图2-35　中调配色

图2-36　低调配色

### （三）纯度配色

以色彩的不同纯度来进行搭配，相对弱化色相和明度的相互关系。

高纯度：刺激、鲜明而强烈。

中纯度：较为温和、稳重。

低纯度：含蓄、朴素、沉静。

1. 高纯度配色

是指高纯色与低纯色的搭配。这种配置方法应用非常广泛，一般不会引起强烈刺激的对比或过分的调和，较容易取得和谐的配色效果，如图2-37所示。

2. 中纯度配色

中纯度配色分为高纯色与中纯色相配、低纯色与中纯色相配两种。前者整体纯度较高，应注意把握对比度；后者整体纯度偏低，应注意拉开明度距离，如图2-38所示。

3. 低纯度配色

是指色彩间纯度差别较小的配色，如同为高纯度、中纯度或低纯度色等，如图2-39所示。

图2-37　高纯度配色

图2-38　中纯度配色

图2-39　低纯度配色

### （四）冷暖配色

以色彩冷暖感的差别进行色彩搭配称为冷暖配色。暖色温馨、和煦、热情；冷色宁静、清凉、高雅，如图2-40所示。

图2-40　冷暖配色

### （五）季节配色

#### 1.春季色配色

春季是万物复苏的季节，到处生机盎然，自然界充满了新鲜、烂漫的色彩。春季配色方案应该是明快的、鲜艳的、富有动感和充满生机的，如图2-41所示。

图2-41　春季色配色

#### 2.夏季色配色

夏季是浓郁的季节，阳光热烈、绿树成荫。白色是夏季的经典色彩，与白色明度相近的浅色以及绿、蓝、各种水果色系列都是夏天的流行色，如图2-42所示。

图2-42　夏季色配色

3.秋季色配色

秋季是四季中色彩最为丰富的季节。秋季色以中等纯度色彩居多，配色方案侧重不同色相相配，配色效果含蓄内敛，视觉美感极为丰厚，如图2-43所示。

图2-43　秋季色配色

4.冬季色配色

冬季自然界色调仅剩下黄褐与灰白。其配色方案一方面顺应自然，以浓重的深色调形成厚重的外观；另一方面，可大胆运用大面积纯色、大块对比，如图2-44所示。

图2-44　冬季色配色

### （六）风格配色

1.经典风格

在色彩设计时，要考虑到经典服装的特性。不能选择很流行的色彩；不能选用较为夸张的色彩；可在各种配饰物以及内外衣搭配上做文章，如图2-45所示。

图2-45　经典风格配色

2.前卫风格

前卫风格的服装是指走在流行时尚的最前沿的服装，这类服装以奇特、新颖的造型和色彩领先于时尚潮流，其色彩奇特、夸张，有时甚至是怪诞，如图2-46所示。

3.民族风格

民族风格的服装配色应从民族传统色彩中提取典型的元素，以现代人的审美观念进行提炼加工，并加载在现代时装的载体上，从而形成具有民族风格的现代时装，如图2-47所示。

图2-46　前卫风格配色

图2-47　民族风格配色

# 第三节　服装的面料

## 一、织物的类型与特性

服装面料对服装的造型、色彩、功能起主要作用，大多为棉、麻、丝、毛、化学纤维、天然皮革、人造皮革和塑料等纯天然织物、纯化学纤维制成的织物以及天然纤维与化学纤维混纺而成的织物。品种多样，其商品名称更是不胜枚举，现就最传统及最常见的纺织材料品种的特征及其对服装的适用性分析如下。

### （一）棉织物

棉织物亦称棉布，是以棉纤维做原料纺织而成的面料。棉织物以其优良的天然纤维性能和穿着舒适性而为广大消费者所喜爱，成为最常用的服装面料之一，是最为普及的大众化面料。棉织物色彩较鲜艳，为服装业提供了品种齐全、风格各异的多种衣料。以商业经营业务习惯又可分为原色布、漂白布、色布、印花布、色织布、绒布等。织物按其组织不同，大致可分为平纹类、斜纹类、缎纹类三大类。由于棉织物易于整形处理，在纺织品设计的面料再造中的应用也是非常多的。

棉织物有如下主要服用性能特点，如图2-48所示。

① 吸湿性能强，染色性能良好，织物缩水率为4% ~ 10%。

② 具有优良的穿着舒适性，光泽柔和，富有自然美感，坚牢耐用，经济实惠。

③ 手感柔软，但弹性较差，经防皱免烫树脂整理可提高其抗皱性和服装保形性。

④ 光泽增加，起到丝光作用。此时织物强度提高而长度及宽度剧烈收缩。

⑤ 在日晒及大气条件下，棉布可缓慢氧化使其强度下降，在100℃下长时间处理会造成一定破坏，在125 ~ 150℃高温条件下将随时间的延续而碳化，因此在熨烫、染色和保管中应加以注意。

⑥ 棉织物不易虫蛀，但易受微生物的侵蚀而霉烂变质。在服装及棉布存放、使用和保管中应防湿、防霉。

### （二）麻织物

麻织物主要是苎麻、亚麻及少量其他麻纤维纺织加工成的织物，常见的有纯麻织物、麻棉混纺织物以及麻与化学纤维混纺或交织的织物。麻织物具有吸水、抗皱、稍带光泽的特性，感觉凉爽、挺括，耐久易洗、质地优良、风格含蓄、色彩较浅淡，能深刻地表现现代人追求返璞归真、随意自然的审美需求。

麻织物有如下服用性能特点，如图2-49所示。

图2-48　棉织物

图2-49　麻织物

① 天然纤维中麻的强度最高。湿态强度比干态强度高20% ~ 30%，其中苎麻布的强度最高；亚麻布、黄麻布次之。因此各种麻布的质地均较坚牢耐用。

② 不感到潮湿。其导热性均为优良，因此，麻布衣料在夏季干爽利汗、穿着舒适。

③ 各种麻织物具有较好的防水、耐腐蚀性，不易霉烂且不虫蛀。在洗涤时使用冷水，不要刷洗，不会有起毛现象。

④ 麻织物的染色性能亦好。因原色麻坯不易漂白，用手工染的麻布色调稍为灰暗，色牢度较差。但机制麻布在染色前处理较好，故其色泽及色牢度有所改善。各种染色麻布具有独特的色调及外观风格，麻布服装具有自然纯朴的美感。

⑤ 本白或漂白麻布具有天然乳白色或淡黄色，或洁白色，光泽自然柔和明亮，作为衣料有高雅大方之感。

⑥ 各种麻织物均较棉布挺硬，抗皱及弹性稍好。

⑦ 各种麻织物均具有较好的耐碱性，但在热酸中易损坏，在浓酸中易膨润溶解。

### （三）丝织物

丝织物是以天然蚕丝为原料织成的制品，包括桑蚕丝织物和柞蚕丝织物两种。使用较多的丝纤维是桑蚕丝。桑蚕丝大都是白色，细腻光滑，光泽良好，手感柔软，适合做高档服装及晚礼服等；柞蚕丝一般呈淡褐色。天然丝绸光泽莹莹、风格翩翩，素有纤维皇后之称。丝织物大致分为纺、绉、绸、缎、锦、纱、罗、绫、绢、绡、呢、绒、绨、葛14大类。

丝织物有如下服用性能特点，如图2-50所示。

① 各类纯丝织物的强度均较纯毛织物高，但其抗皱性比毛织物差。

② 桑蚕丝织物色白细腻、光泽柔和明亮、手感爽滑柔软、高雅华贵，为高级服装衣料。

③ 柞蚕丝织物色黄光暗，外观较粗糙，手感柔而不爽、略带涩滞，坚牢耐用，价格便宜，为中档服装及时装衣料。特别在回潮率达30%时，亦无潮湿感。

④ 丝织物的耐热性较棉、毛织物更好，一般熨烫温度可控制在150 ~ 180℃。熨时垫布方可免出极光。对柞蚕丝织物应避免喷水，以防造成水渍难以除去，影响织物外观。

⑤ 绢纺织物表面较为粗糙，有碎蛹屑呈现黑点，手感涩滞柔软，呈乳白本色，别有风格，价格比长丝织物便宜，亦为外用服装理想面料。

⑥ 丝织物耐光性在各类织物中最差，故长期光照服用性差。

⑦ 对无机酸较稳定，但浓度大时会造成水解。对碱反应敏感，洗涤时应采用中性皂。

图2-50　丝织物

### （四）毛织物

毛织物是从羊毛或特种动物毛中获取的纤维，再以羊毛与其他纤维混纺或交织而成的面料，又称呢绒。毛织物具有良好的保暖性和伸缩性，吸湿性好、不易起皱，具有良好的悬垂性；色彩较深暗、含蓄，给人庄重、大方、高雅的感觉，多

图2-51　毛织物

用于冬装、职业装等较为正式的场合的服装。用于服装的毛织物，按其加工系统及织物外观特征不同，分为精纺毛织物、粗纺毛织物、长毛绒、人造毛皮及驼绒等几大类。毛织物的原料包括绵羊毛、山羊绒、兔毛、马海毛、骆驼毛（绒）、牦牛毛（绒）、人造毛、合成羊毛。

毛织物有如下服用性能特点，如图2-51所示。

（1）纯毛织物光泽柔和自然，手感柔软富有弹性，穿着舒适美观，一般均为高档或中高档服装用料。

（2）各种毛织物比棉、麻、丝等天然纤维织物具有较好的弹性、抗折皱性，特别是在服装加工熨烫后有较好的裥褶成型和服装保形性。

（3）羊毛不易导热，吸湿性亦好，因此表面毛茸丰满厚实的粗纺呢绒具有良好的保暖性，是春秋冬各季节理想的服装衣料。而轻薄滑爽、布面光洁的精纺毛织物又具有较好的吸汗及透气性，夏季穿着干爽舒适。因而，派力司、凡立丁等织物多用于制作夏装；较厚实、稍密的华达呢、啥味呢，一般多用作春秋装衣料。

（4）合成纤维与毛混纺的织物，可提高其坚牢度和挺括性，黏纤、棉等与羊毛混纺亦可降低成本。因此，混纺及纯毛衣料在服装业中各有所用。

### （五）涤纶织物

涤纶属于合成纤维，但涤纶正在向合成纤维天然化的方向发展，各种差别化新型涤纶，纯纺和混纺的仿丝、仿毛、仿麻、仿棉、仿麂皮的织物进入市场并深受欢迎。涤纶织物花色品种多，数量大，独居合成纤维产品之首。服装设计师经常利用该面料的强度特性，使每个形体的凸起部位有不同程度的光线转折与透明感，再通过色彩的渐变与变化，在强调了质感的同时也突出了材料特征。

图2-52　涤纶织物

涤纶织物有如下服用性能特点，如图2-52所示。

（1）涤纶织物具有较高的强度与弹性恢复能力。它不仅坚牢耐用，而且挺括抗皱，洗后免熨烫。

（2）涤纶织物吸湿性较小，在穿着使用过程中易洗、快干、极为方便。其湿后强度不下降、不变形，有良好的洗可穿服用特性。

（3）涤纶织物服用不足之处是透通性差，穿着有闷热感，易产生静电而吸尘沾污。抗熔性较差，在穿着使用中接触烟灰、火星立即形成孔洞。但以上不足之处，在其与棉、毛、丝、麻及黏胶纤维混纺的织物上均可得到改善。

（4）涤纶织物具有良好的耐磨性与热塑性，因而，所做服装的褶裥、保形性都较好。

### （六）锦纶织物

半个世纪以来，锦纶以它优异的耐磨性和质轻的良好服用性能在合成纤维衣料中占有重要的地位。受消费者欢迎的羽绒服和登山服所用衣料仍以锦纶织物为最佳。

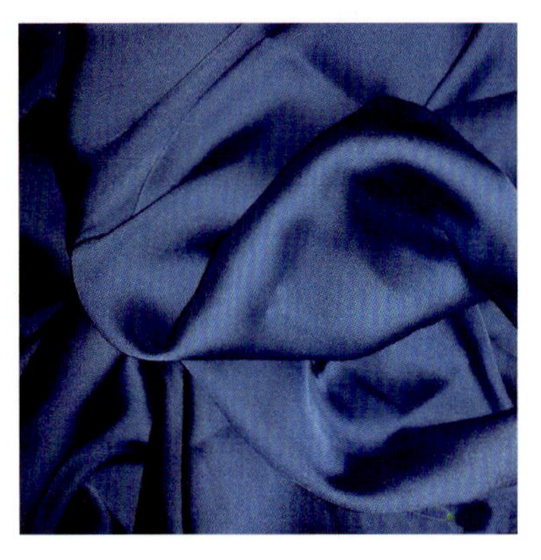

图2-53　锦纶织物

锦纶织物有如下服用性能特点，如图2-53所示。

（1）锦纶织物的耐磨性能居各种天然纤维与化学纤维织物之首，同类产品的耐磨性能比棉和黏纤织物高10倍，比纯羊毛织物高20倍，比涤纶织物高约4倍。其强度也很高，且湿态强度下降极小。因此，锦纶纯纺及混纺织物均具有良好的耐用性。

（2）在合成纤维织物中，锦纶织物的吸湿性较好，故其穿着舒适感和染色性要比涤纶织物好。

（3）除丙纶和腈纶织物外，锦纶织物也较轻。因此，锦纶作为登山服、运动服等冬季服装衣料颇有轻装之感。

（4）锦纶织物的弹性及弹性恢复性极好，但在小外力下易变形。因此，服装裥褶定型较难，穿用过程受力易变皱，故锦纶织物服装适用性能不如涤纶衣料。

（5）锦纶织物耐热性和耐光性均差，在使用过程要注意洗涤、熨烫和服用条件，以免损坏。

### （七）腈纶织物

腈纶以其特有的弹性和蓬松度为服装业提供价廉物美的仿毛衣料和羊毛混纺织物。腈纶膨体针织绒线以及纯腈或毛腈编结线都是针织服装主要的材料。

腈纶织物有如下服用性能特点，如图2-54所示。

① 腈纶有合成羊毛之美称，其弹性与蓬松度可与天然羊毛媲美。腈纶织物不仅挺括抗皱，而且保暖性较好，在同体积的织物中含有较多的静止空气层。保温测定结果证明，腈纶织物保暖性比同类羊毛织物高15%左右。

② 腈纶织物的耐光性居各种纤维之首。在日光下曝晒一年的蚕丝、锦纶、黏胶纤维及羊毛织物等已基本破坏，而腈纶织物强度仅下降20%左右。因此，腈纶织物为制作户外服装、运动服等的理想衣料。

③ 腈纶织物色泽艳丽，与羊毛适当比例混纺可改善外观色泽，并且不影响手感。

④ 腈纶织物有较好的耐热性，居合成纤维织物第二位，且有耐酸、耐氯化剂作用，故使用范围较广。

⑤ 在合成纤维织物中，腈纶织物比较轻，因此，亦为轻便服装衣料之一。

⑥ 腈纶织物吸湿性较差，穿着有闷气感，舒适性较差。

⑦ 腈纶纤维结构决定其织物耐磨性不好，是化学纤维织物中耐磨性最差的产品。

图2-54　腈纶织物

### （八）非纺织材料

将塑胶、金属、木材、人造水晶等非纺织材料加工成小片状、细线状等容易被编结、连接的形式，与纺织面料搭配，或装饰在面料的表面，以达到材质上的反衬效果，成为前卫派设计师常用的设计手法，如图2-55所示。

图2-55　非纺织材料

## 二、面料二次设计

服装面料的二次创新设计是现代服装设计的新趋势，它手法多样、形式灵活、效果独特，源源不断地为服装设计注入着灵感与活力，也使得今天的服装产品变化空前。服装面料二次肌理设计对服装设计有着很重要的作用及意义。首先，它能提高服装的美学品质。其主要作用就是对服装进行修饰和点缀，使单调的服装形式产生层次和格调的变化，使服装更具风采，给人带来独特的审美享受，最大限度地满足人们的个性需求和精神需求。其次，强化服装的艺术特点，起到强化、提醒、引动视线的作用。再次，增强服装设计的原创性。设计的主要特征之一就是原创性。服装因为人体所穿用，故在形式、材料乃至色彩的设计上有一定的局限性，要显示其特有的原创性，服装材料的再造便显得由为方便及突出。服装面料的二次设计还可以提高服装的附加值，如现在非常流行的冲锋裤，表面涂有防水涂层，可抵御10米水压不漏水；轻薄型专业登山服装，膝盖、臀部、裤脚加厚设计可以有效增加耐磨性，具有防水、透气、防风、耐撕裂的特点。

服装面料再设计的方法有很多种，如缀、拼、添、褶、镂空设计、做旧等。除此之外，还有印花、刺绣等。由于后面讲授部分对此有详细介绍，在此便省略。

### （一）缀

缀是一种用立体饰品来表现图案的造型方法。现代服装设计中，用金属线、珍珠、亮片、珠管、形态各异的天然或人工石头、羽毛进行缝缀，多用于礼服和舞台表演服装的图案设计上，以产生闪亮绚丽的效果。

例如珠绣，它是将各种空心珠用线缝缀在面料上的绣缀方法。珠绣是浮于面料上的绣缀方法，主要依靠珠子的闪光色彩增强其表现力。珠绣可用于厚、薄料或是透明材料上，也可离开面料穿串挂饰，以形成不同的风格，如图2-56所示。

### （二）拼

拼的原意是指将零碎的东西组合在一起，服饰图案中的拼则是指把块面的织物或非织物剪成的图案形象以拼接或贴的方式运用到服装上的一种装饰技法，如图2-57所示。

图2-56　缀

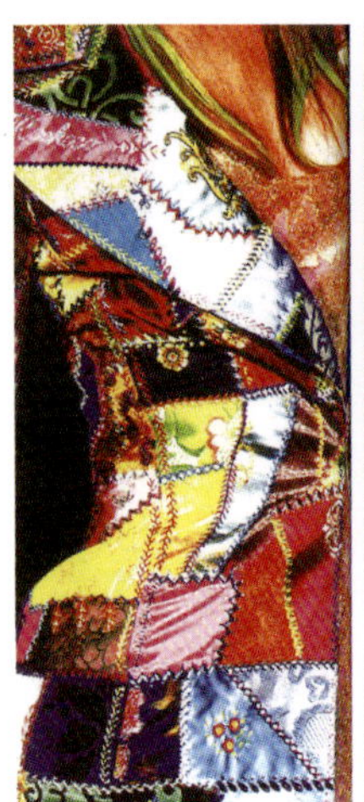

图2-57　拼

（三）添

添主要是针对饰品、配件而言，包括手镯、戒指、项链、胸针、眼镜、包袋等。从广义上讲，饰品也是服饰图案不可或缺的构成部分，对服装的整体造型起着一定的呼应、衬托、强调、夸张等作用，因此添也是服饰图案的表现技法之一，如图2-58所示。

图2-58　添

（四）褶

褶裥是一种常用的服饰图案造型方法，它通过面料的变形起皱，使平面的材料变得立体。同时，由立体感带来的光影变化能产生浮雕般的肌理效果，并随人体的运动不断变化，与服装一贯采用的平面材料产生鲜明的视觉对比。褶裥的成型方法有很多，如皱褶、压褶、捏褶、抽褶、缝褶。

1. 皱褶

通过高温捆扎等手段，在服装材质上形成规则或不规则的皱纹、褶裥，从而生成立体感的肌理效果，或用机器、熨斗把服装材质按照某种规则性纹理压制成型。

2. 压褶

压褶最大的特点是压褶之后面料有很好的弹性，穿着时能贴和人体，但又丝毫不妨碍运动，在起到装饰作用的同时又具备良好的功能性，如图2-59所示。

3. 捏褶

捏褶是将面料上的点按一定规律连接起来，利用面料本身的张力使点与点之间的面料自然呈现起伏效果的图案造型方法，如图2-60所示。

图2-59　压褶

图2-60　捏褶

4. 抽褶

抽褶是用粗糙不同的线、松紧带或者绳子将面料抽缩，用不同的方法缝制在面料上，然后抽拉线型材料，使平面的面料抽缩，产生自然、不规则的褶裥，形成立体感材质的图案造型方法，如图2-61所示。

5.缝褶

缝褶是通过缝线来固定褶裥的一种图案造型方法，通常应用在服装的边缘，形成起伏的荷叶边，或者通过层层叠叠的堆积形成饱满的肌理，如图2-62所示。

图2-61　抽褶

图2-62　缝褶

（五）镂空

在完整的面料上根据设计挖去部分面料，形成通透的效果，由镂空部分构成图案的表现手段，如图2-63所示。

图2-63　镂空

（六）凹凸

运用多种手段，使服装材质形成凹凸效果，具有强烈的视觉和触觉冲击力，如图2-64所示。

（七）切割

将平面服装面料通过切割，从而转化为立体形态。切的手法有直线切割、曲线切割，如图2-65所示。

图2-64　凹凸

图2-65　切割

### （八）粘接与插接

对于一些挺括的服装面料，可通过粘接或插接的手法，获得空间感的造型。

### （九）做旧

做旧是利用水洗、砂洗、砂纸磨毛、染色等手段，使面料由新变旧，从而更加符合创意主题和情境需求的面料再造方法。做旧分为手工做旧、机械做旧、整体做旧和局部做旧，如图2-66所示。

### （十）烧花

用暗火或烟头把服装材质烧出不同形状的孔洞，洞周边留下燃烧痕迹，具有特殊的视觉效果，如图2-67所示。

图2-66　做旧

图2-67　烧花

## 三、面料的应用

随着时代的发展、科技的进步，面料的品种越来越多，因此，要求设计者在选择面料时一定要多花心思。通过对面料性能的了解，合理的选择，完全地展现服装的设计。

### （一）罗曼蒂克风格

罗曼蒂克风格是体现女性可爱形象和优美雅致的风格。服装总体富有诗意，充满幻想。选用蝉翼纱、蕾丝、乔其纱、细平布等透明感、流畅感、摇曳性和悬垂感好的织物，如图2-68所示。

### （二）都市经典风格

经典原指古罗马时代的一种艺术，在服饰领域指那些不受流行时尚左右，长期都有一定拥护者的典型服装。多运用麦尔登、法兰绒等织物，如图2-69所示。

### （三）运动风格

运动风格主要指休闲运动以及劳动工作中所穿服装的风格，强调着装的功能性和舒适性。材料多采用牛仔布、绉条纹织物等吸湿性好的棉织物以及针织物等，图案色彩趋向明快、有趣，如图2-70所示。

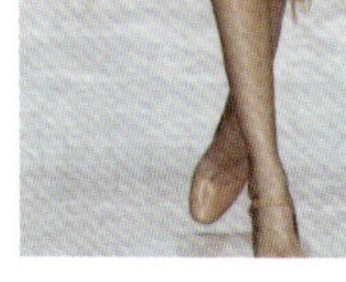

图2-68　罗曼蒂克风格

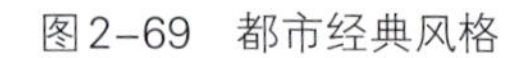

图2-69　都市经典风格

图2-70　运动风格

### （四）严谨风格

融入男装的一些特征要素，塑造干练的职业形象。材料选用华达呢、哔叽等质感坚实的材料和法兰绒、皮革、合成皮革等中厚型或厚型织物，也可用细条呢、粗条纹等织物，如图2-71所示。

## （五）前卫风格

前卫风格先于一般的流行并且具有独创性和奇异性设计，如摩登、朋克、幻觉艺术、无性别艺术等。常运用缎纹织物、金银缎、金属织物以及皮革等表现惊奇性和趣味性的材料，如图2-72所示。

图2-71　严谨风格

图2-72　前卫风格

## （六）民俗风格

民俗风格体现了民族传承，服装造型一般较为简单，图案和色调具有鲜明的特征，因各民族文化的不同，所采用的传统面料也不尽相同，如图2-73所示。

## （七）典雅风格

融传统、典雅、情趣与华贵于一体的服装风格，选用缎纹织物、塔夫绸、金银缎等富有光泽的薄形材料及厚型材料中的天鹅绒、驼丝锦等高级织物，印花以浪漫和高雅风情的花纹类为主，如图2-74所示。

图2-73　民俗风格

图2-74　典雅风格

# 第四节　服装的零部件造型设计

服装部件通常指与服装主体相配合、相关联的、有一定功能作用的，突出于服装主体之外的局部设计，兼具功能性与装饰性的两大特征，俗称“零部件”，如领子、袖子、口袋、拉链、腰头等。零部件在服装造型设计中最具变化性且表现力很强，相对于服装整体而言，部件受整体服装制约但又有自己的设计原则和设计特点，是服装内部设计的重点。

## 一、领子的造型

服装的领型设计是服装设计的基础，因为领型在服装中最富变化，它的形状、高低、大小等对服装款式造型直接产生影响。在众多的领型中，按结构特征，衣领的设计主要分为以下几种类型。

### （一）无领

无领也就是衣身上没有加装领子，其领口的线型就是领型。无领是领型中最简单、最基础的一种，以丰富的领围线造型作为领型，也就是其领口形状就是领型。衣身上没有加装领面工艺处理，简洁自然，展露颈部优美的弧线。最简单的东西往往最讲究其结构性，无领设计在服装领口与人体肩颈部的结合上要求很高，领线太低或太松则在低头弯腰时容易暴露前胸，领线太高或太紧又会让人感觉不舒服。因此无领设计定要注意其高低松紧的尺寸问题。无领型设计一般用于夏装、内衣、休闲装、童装、连衣裙、晚礼服以及T恤、毛衫、针织服装等的领型设计上。无领的形状千变万化，极其丰富，通常的无领主要有圆形领、方形领、V形领、船形领、一字领等几种领型。除此之外，还有马蹄领、烟囱领、甜心领、露肩领、轭领、单肩领、锁孔领、田径领、烟囱信封领、垂坠领、松紧领、抽绳领、鸡心领、背心领等，如图2-75所示。

图2-75　无领造型设计

### （二）连身出领设计

连身出领是指从衣身上延伸出来的领子，从外表看像装领设计，但却没有装领设计中领子与衣身的连接线，它是把衣片加长至领部，然后通过收省、捏褶等工艺手法与领部结构相符合的领型。这种领型含蓄典雅，也是近几年较为流行时尚的一种领型。

连身出领的变化范围较小，因为其工艺结构有一定的局限性，造型时为了使之符合脖子结构，就需要加省或褶裥，而且还要考虑面料的造型。太软的面料挺不起来，所以就要运用工艺手段，但要考虑到与脖子接触面料也不宜太硬，如图2-76所示。

### （三）立领

立领是竖立在脖子周围的一种领型，又称竖领。立领一般分为直立紧贴颈部的立领，如旗袍领等；领座有一定倾斜的，离颈部稍有距离的称为倾斜式立领。倾斜式分为内倾式和外倾式两种，内倾式是典型的东方风格立领。欧美国家倾向外倾式，领型挺拔夸张，优美豪华，极具装饰性。立领具有严谨、挺拔、庄重的特点，适合中式服装的设计。传统的学生装也是立领结构。

为了便于穿脱，立领都要有开口，开口以中开居多，但也有侧开和后开，通常侧开和后开从正面看更优雅、整体感更强。立领的外边缘形状也很多样化，如圆形、直形、皱褶形、层叠形等。根据服装风格，设计师可自行调节变化，还可与面料结合创新出一些新造型，如图2-77所示。

图2-76　连身出领造型设计

图2-77　立领造型设计

### （四）翻领

翻领是将领面向外翻折的一种领型。领面是款式变化的重点，有圆形、方形、尖形等设计。领型随意，适合多种脸型、颈型选用，变化设计比较灵活。翻领从结构上看分为有领座和无领座两种形式，加不加领台根据个人喜好或服装风格而定。男式衬衣领子都属于有领座的翻领。翻领从翻折角度上看又有无领座的贴肩的平翻领，其特点是领型平服大方，如海军领和常见的学生领等；领面向外翻的贴在领座上的立翻领，其特点是朴实、严谨，可掩盖颈长的缺陷，如中山装和男衬衫的领型。翻领因外形线变化、翻折幅度变化、领角形状变化的不同，有圆翻领、方翻领、尖翻领，有小圆领、小方领、披肩领、围巾领、波形领、皱翻领、铜盆领、马蹄领、燕子领、蝴蝶领、花边领等。

翻领的外形线变化范围非常广泛、自由，领面的宽度、领的造型以及领角的大小等都可根据设计的要求酌量加减。翻领可以与帽子相连，形成连帽领，兼具两者之功能，还可以加花边、镂空、刺绣等。翻领设计中特别注意翻折线的形状，翻折线的位置找不准，翻过来的领子就会不平整。前衣身的领口要抬高一些，以避免领子会浮离脖子，如图2-78所示。

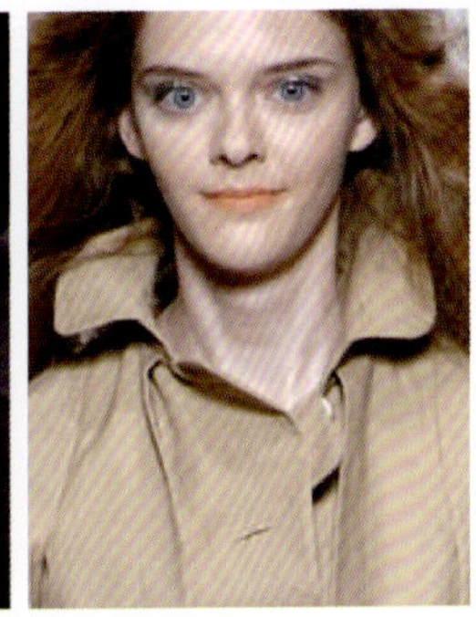

图2-78　翻领造型设计

### （五）驳领

严格地讲，驳领型也是翻折领的一种，但是驳领多了一个与衣片连在一起的驳头，与普通的

图2-79　驳领造型设计

翻领又有区别，所以在服装设计中经常把它单独列出作为一种领型。驳领前门襟敞开呈V字形，两侧向外翻折，可以抵消颈短、脸圆的不足，表现修长、端庄、沉稳的造型特点。西装领是驳领的典型代表。驳领的领型由领座、翻折线和驳头三部分决定。

驳头是指衣片上向外翻折出的部分，驳头长短、宽窄、方向都可以变化。例如驳头向上为枪驳领，向下则是平驳领，变宽比较休闲，变窄则比较职业化。此外，驳头与驳领接口的位置、驳领止口线的位置等对领型都会有很大的影响，不同风格的服装对此有不同的要求，小驳领比较优雅秀气，大驳领比较粗犷大气。驳领要求翻领在身体正面的部分与驳头要非常平整地相接，而且翻折线处还要平伏地贴于颈部，所以结构工艺比较复杂，如图2-79所示。

## 二、袖子的造型

袖型设计首先要满足人体的手臂活动范围，在袖山、袖窿、袖形等部位都应有适当的松量，即使在进行袖型的变款时也要注意到这一点。其次，根据款式、面料、风格做相应的变化。袖子的装饰多采用工艺手法，如抽碎褶、加蝴蝶结、饰带、装饰扣、标志等。

袖型设计的种类很多，按其造型特点可分为灯笼袖、喇叭袖、西装袖等；按其制作方法可分为装袖、连袖、插肩袖等；按袖片数目又可分为一片袖、两片袖、多片袖等。

衣袖设计主要可分为袖山设计、袖身设计、袖口设计三部分。

### （一）袖山设计

袖山设计是从衣身与袖子的结构关系上进行的设计，据此归纳起来，袖山按结构分为装袖、连身袖、插肩袖三类。

#### 1.装袖

装袖是袖子设计中应用最广泛的袖型，是服装中最为规范化的袖子。装袖是衣身与袖片分别裁剪，然后按照大身的袖窿和袖片的袖山的对应点在臂根处缝合，袖山位置在肩端点附近上下移动。如西装、衬衫等日常着装都采用这种袖型。装袖的工艺要求很高，缝合时接缝一定要平顺，尤其在肩端点处，要成一条直线，而不能有角度出现。装袖的袖窿弧线与衣身的袖窿弧线要有一定的装接参数。装袖可以根据具体情况进行适当的变化。

装袖分为圆装袖和平装袖，还可以变化出泡泡袖、灯笼袖等。圆装袖一般为两片袖设计，多用于西装和合体的外套。平装袖与圆装袖结构原理一样，但不同的是袖山高度不高，袖窿较深且平直。平装袖多采用一片袖的裁剪方式，如风衣、夹克、大衣、连衣裙之类的设计。泡泡袖的装袖的袖片和衣片分开裁剪，再经缝合而成。装袖又称接袖，是服装中应用最广泛的袖型。装袖具有造型线条顺畅，穿着合体舒适、美观平整、端庄严谨的特点。一片装袖，袖窿较深且平直，多用于衬衫、外套、风衣和夹克衫；两片装袖，多用于男女外衣，它符合人体肩臂部位的曲线，外观挺括，立体感强，如图2-80所示。

2. 连身袖

连身袖是袖子部位没有独立剪裁的，袖子与衣身连成一体的一种袖型，又称连衣袖。连身袖的特点是宽松舒适、活动方便、工艺简单，多用于运动服、家居服、中式服装、晨衣、睡衣、海滩服、浴衣等。连身袖是起源最早的袖型，我国古代的深衣、中式衫、袄的袖子都是典型的连身袖。由于在肩部没有生硬的拼接缝，所以肩部平整圆顺，与衣身浑然一体、天衣无缝。但由于结构的原因，连身袖不可能像装袖那样结构合体，腋下往往有太多的余量、衣褶堆砌。随着服装流行的发展和工艺水平的提高，现代的连身袖与传统的连身袖相比出现了很多变化，通过省道、褶裥、袖衩等工艺技术塑造出较接近人体的立体形态，如图2-81所示。

3. 插肩袖

插肩袖是指袖子的袖山延伸到领口的袖型，又称装连袖。袖窿挖得较深，方便运动。插肩袖具有造型线条简练明朗，穿着效果平伏合体、洒脱自如的特点，适宜应用于运动服、大衣、休闲外套、外套、风衣。插肩袖有一片袖、两片袖和三片袖之分，一片袖多用于夹克衫，两片袖多用于男女外衣，三片袖多用于大衣和风衣。插肩袖与衣身的拼接线可根据造型需要自由变化，如直线形、S线形、折线形以及波浪线形等，而且可以运用拍褶、包边、褶裥、省道等多种工艺手法。不同的插肩线和不同的工艺有着不同的性格倾向，如抽褶、曲线、全插肩的设计，显得柔和优美，多用在女装的外套、大衣、风衣、毛衫等服装中；而直线、明缉线、半插肩设计，却会显得刚强有力，多用在男装的运动服、夹克、风衣、外套、牛仔装的设计中。插肩袖设计中所有的变化一定要考虑活动的需要，肩臂活动范围较大的服装，经常在袖下加袖衩，如图2-82所示。

图2-80　装袖

图2-81　连身袖

图2-82　插肩袖

## （二）袖身设计

按袖身的肥瘦可将袖身可分为紧身袖、直筒袖和膨体袖。

1. 紧身袖

紧身袖是指袖身紧贴手臂的袖子。紧身袖的特点是衬托手臂的形状，随手臂的运动产生的褶皱柔和优美。紧身袖通常使用弹性面料，如针织面料、尼龙或加莱卡的面料，多用于健美服、练功服、舞蹈服等贴体款设计中。紧身袖一般是一片袖设计，造型简洁，工艺简单，如图2-83所示。

2. 直筒袖

直筒袖是指袖身形状与人的手臂形状自然贴合、比较圆润的袖型。直筒袖的袖身肥瘦适中，迎合手臂自然前倾的状态，既要便于手臂的活动，又不显得繁琐复杂。直筒袖往往都是两片袖，由大小袖片缝合而成，有的还在袖肘处收褶或进行其他工艺处理以塑造理想的立体效果。外套、大衣、风衣等大多使用直筒袖，如图2-84所示。

3.膨体袖

膨体袖是指袖身膨大宽松、比较夸张的袖子。膨体袖的袖身脱离手臂，与人体之间的空间较大，其特点是舒适自然、便于活动。膨体袖可分别在袖山、袖中及袖口等不同部位膨起，如灯笼袖、泡泡袖、羊腿袖等。多采用柔软、悬垂性好、易于塑型的面料。膨体袖在女装、童装中使用得比较多，广泛用于长短袖衬衫、连衣裙、睡裙、睡衣套服的上装，如图2-85所示。

图2-83　紧身袖

图2-84　直筒袖

图2-85　膨体袖

## （三）袖口设计

袖口设计是袖子设计中一个不容忽视的部分，袖口虽小，但是手的活动最为频繁，所以举手之间，袖子都会牵动人的视线，引人注意。袖口的大小、形状等对袖子甚至服装整体造型有着至关重要的影响。同时，袖口功能性很强，一般按其宽度分为收紧式袖口和开放式袖口两大类。冬装中使用收紧式袖口可以保暖，夏装使用开放式袖口则可以凉爽一些，起到调节体温的功能。

1.收紧式袖口

收紧式袖口是在袖口处收紧的袖子。这类袖口一般使用拉链、纽结、袢带、袖开叉或松紧带等将袖口收紧，具有比较利落、保暖的特点，在衬衫、T恤衫、夹克、羽绒服以及其他冬装中使用得都比较多，如图2-86所示。

2.开放式袖口

开放式袖口就是将袖口呈松散状态自然散开。这类袖口可使手臂自由出入，具有洒脱灵活的特点。外套、风衣、西装多采用这种袖口，而且很多袖口还敞开呈喇叭状。

无论是收紧式袖口还是开放式袖口，都可以根据位置、形态变化分为外翻式袖口、克夫袖口和装饰袖口等，如图2-87所示。

以上为较为常见的袖子的分类形式。此外，袖子还可按袖长分为长袖、中袖、半袖、短袖、盖袖或无袖、三分袖、五分袖、七分袖、八分袖、长袖；按袖形分为灯笼袖、喇叭袖、花蕾袖、马蹄袖、羊腿袖、蝙蝠袖、鸡腿袖、几何形袖等；按袖口大小分为大、中、小袖口；袖口的形式

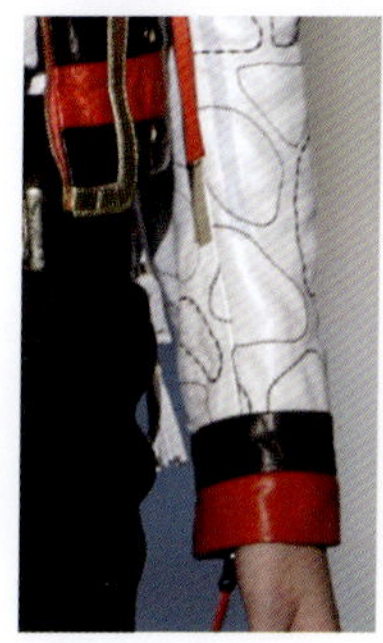
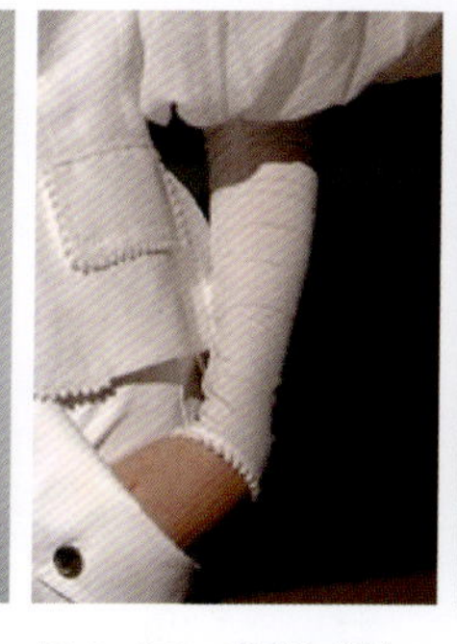
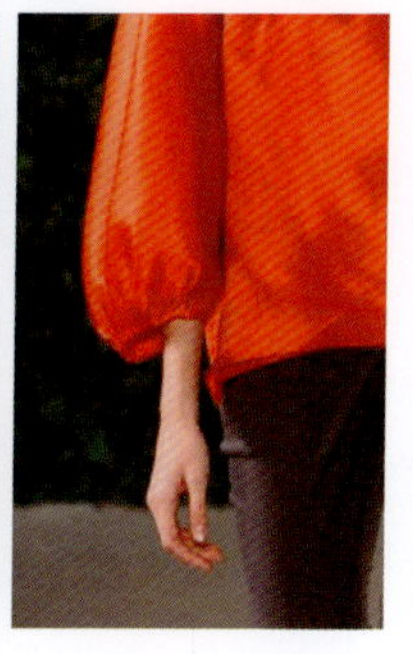

图2-86 收紧式袖口

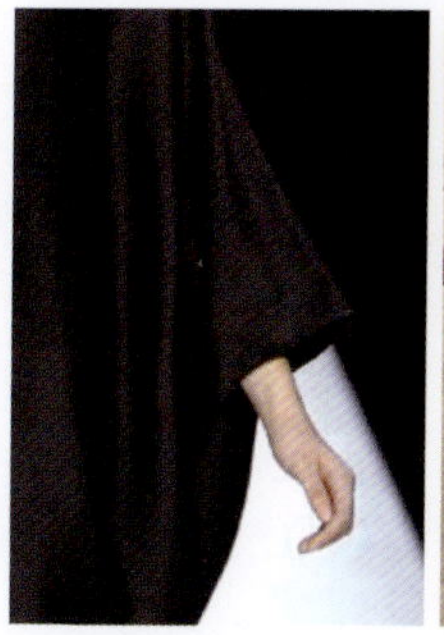

图2-87 开放式袖口

分为罗纹袖口、克夫袖口、松紧带袖口、抽带式袖口、搭袢袖口等；按裁片可分为一片袖、二片袖、多片袖。不同的袖山与袖身、袖口或者不同长短的袖子与不同肥瘦的袖子交叉搭配，就会变化出无以计数的袖子。同时，不同服装的风格、不同的流行趋势对肩袖也有不同的要求。一般来说，衣身合体的服装，使用装袖较多；衣身宽大松散，使用插肩袖和连身袖较多。袖子的组合形状也很多，如郁金香袖、马蹄袖等，类似插肩的包肩袖、连领袖，介于插肩和装袖之间的露肩袖，等等。

## 三、口袋的造型

口袋作为服装中的一个小部件，不受结构的限制，设计自由随意。对于大多数服装而言，口袋的装饰性胜过其实用价值。根据口袋的结构特点，口袋主要可分为贴袋、挖袋、插袋三种。由于口袋本身具有鲜明的性格特点，所以在设计时一定要注意与服装的整体风格相统一，袋口、袋身和袋底的细节处理。

### （一）贴袋

贴袋是缝贴于服装主体之上、袋形完全外露的口袋，又叫“明袋”。贴袋又分为平面贴袋和立体贴袋。根据开启方式，分为有盖贴袋和无盖贴袋。因为受工艺的限制性较小，贴袋的形状、位置、大小变化灵活自由，但同时由于其外露的特点，也就最容易吸引人的视线，贴袋的设计更要注重与服装风格的统一性。贴袋的性格特点一般倾向于休闲随意，自然有趣。贴袋在休闲装、童装、工装的设计中应用较多。工艺手法可以用拼接、刺绣、镶边、褶裥等，而且其边缘线也可以经过不同的工艺处理，如图2-88所示。

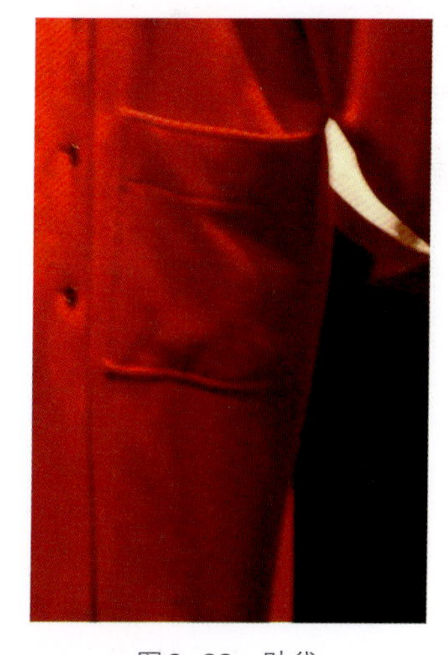

图2-88 贴袋

### （二）挖袋

挖袋是将衣片剪开形成袋口，再从里面衬以袋布，然后在开口处缝接固定的口袋，挖袋又叫嵌袋或嵌线袋。挖袋的特点是简洁明快，从外观来看只在衣片上留有袋口线。挖袋的工艺可分为单嵌线、双嵌线、有盖袋和无盖袋。挖袋视觉效果规整含蓄、简洁明快，多使用在牛仔套装、外套、羽绒服、马甲、运动装的口袋设计中，如图2-89所示。

（三）插袋

从原理上讲，插袋也是暗袋，因为插袋的袋形也是隐藏在里边，在工艺上与暗袋相似。不同的是插袋是在服装的两片衣缝处直接插入的一种口袋，而不是在衣片上挖出。插袋分为直插袋、斜插袋、横插袋。插袋的特点是隐蔽性好，与接缝浑然一体，更为含蓄高雅、成熟宁静。袋口和袋布都隐蔽，不影响服装的外观整体感。在服装设计中，夹克、裤套装、裙套装、牛仔装、外套、风衣、大衣等都可经常使用插袋。有时出于设计需要，故意在袋口处作一些装饰，如线形刺绣、条形包边等，以此丰富设计，增加美感。由于插袋在接缝处，所以制作时要求直顺、平伏，与接缝线成直线，如图2-90所示。

图2-89　挖袋

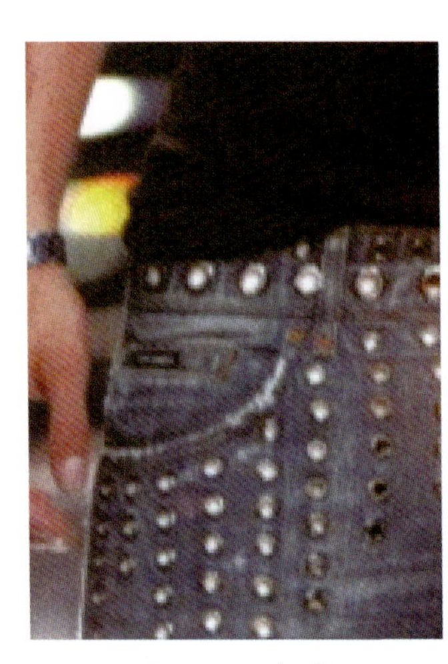

图2-90　插袋

以上讲到的仅是口袋的几种基本类型，其实在生活中口袋的种类非常繁多，实际设计时要多种类综合搭配，就会创造出许许多多款式别致、富有新意的口袋设计。如将大贴袋中加入暗袋设计，将插袋加上贴袋设计等，兼具几种口袋的特点，其功能性和审美性更好。

## 第五节　服装的装饰与细节

### 一、装饰手法

服饰图案设计营造服装外观的显性功能，表现手段则增加图案的隐性功能，产生光感、手感、舒适感、悬垂感、破旧感、神秘感等织物风格。没有表现手段的支持，服饰图案设计就无法实现，同时适合的图案设计也可为表现手段增添色彩，两者在相辅相成中得以发展。随着服装工业技术的迅猛发展，简便和实用的各种专业机械和装饰新材料不断问世，服饰图案的装饰手段也在不断丰富。常见的装饰手法有印花、刺绣、手绘、织、缉明线装饰等，具体分析如下。

（一）印花

印花工艺包括机器印花和手工印花。机器印花指运用滚筒、圆网和丝网版等设备，将色浆或涂料直接印在面料或衣料上，形成多套色或单套色的印花图案的一种图案制作方式。机器印花色彩较为丰富；丝网手工印花相对套色较少，但自由、个性，适合于特色服装的局部装饰，是现代服饰图案设计中最为常见的表现手段之一，如图2-91所示。

1.扎染

扎染是我国一种古老的纺织品染色工艺，隋唐起广为流传，古称绞缬，是民间传统手工艺之一。以防染为基本原理，用捆扎、折叠、缠绕、缝线、打结等方法使织物产生防染作用时，放入颜料中浸染或点染。扎过的地方染料染不上，没扎的地方则染上颜色，形成非常自然、色彩相间、有多层次晕色、效果丰富的花纹肌理。织物被扎得越紧、越牢，防染效果就越好。它既可以染成带有规则图案的普通扎染织物，又可以染出表现抽象图案的复杂构图及多种绚丽色彩的精美工艺品。扎染图案稚拙古朴，新颖别致。扎染可以有多种色彩染制，称为彩色扎染。也可将成形的服装直接扎染。如图2-92所示。

图2-91　印花装饰

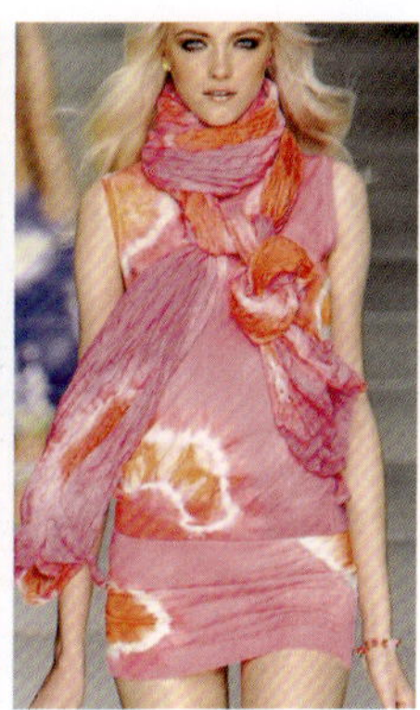

图2-92　扎染

2.蜡染

蜡染是我国古老的民间传统纺织印染手工艺。制作时先将蜡加热，以特制的铜片蜡刀蘸取蜡液，将蜡在白色布料上描绘图案，起到防染作用，再在染料中浸染，最后把蜡除去，形成白底蓝花或蓝底白花的图案。蜡染既可表现线的流畅，又可表现块面的结实。制作过程中，由于蜡的脆弱，形成了美丽自然的龟裂纹，使布面呈现出特殊的“冰纹”，独具魅力，这是蜡染艺术最具特色的表现。由于蜡染图案丰富、色调素雅、风格独特，用于制作服装服饰和各种生活用品，显得朴实大方、清新悦目，富有民族特色。目前的蜡染可分为三类：一是民间工艺品，即西南少数民族地区、民间艺人和农村妇女自给、自绘、自用的蜡染制品；二是工艺美术品，即工厂、作坊面向市场生产的蜡染产品；三是观赏艺术品，以艺术家为中心制作的蜡染画。如图2-93所示。

图2-93　蜡染

3.夹染

夹染产于唐代，古称夹缬，是我国古代唯一可批量生产的染色技术，适用于棉、麻纤维。用两块或两块以上花版将织物对折后夹于其中，先将豆浆和石灰拌成的防染浆粉涂抹在面料上，晾干后再加染，染后吹干，去浆，便可显示出花纹。被夹紧的部位染液不能上染，撤去花版后即形成花纹。夹染一般形成对称花纹，产品多是四方连续花纹纹样，如图2-94所示。

4.丝网印

丝网印花是将一种较薄的丝织物、合成纤维织物或金属丝网绷在网框上，采用手工刻漆膜或光化学制版的方法制作丝网印版，将设计者的创作意图直接印制在表面材料上，具有独特的艺术效果。在印染时，通过一定的压力使油墨通过孔眼转移到织物上，形成图案或文字。丝网印刷设备简单、操作方便，印刷、制版简易且成本低廉，适应性强。丝网印花是应用最多的T恤衫印花技术，市场上销售的T恤衫90%有丝网印花图案。丝网印花还可以套色印花，如果一件T恤衫的图案有红、黄、蓝三种颜色，就需要制作三个版，每种颜色一个版，依次印刷而成。国内多数是专色印花。丝网印花主要有水浆印花、胶浆印花、油墨印花等方法。通过添加一些特殊材料，会得到不同的印花效果，可以满足人们特殊的需求，如图2-95所示。

图2-94　夹染

图2-95　丝网印

除上述图案装饰手法以外，电脑喷涂、转移印花、发泡印花，或其他手工印染方法都是服饰图案装饰常用方法。

（二）刺绣

刺绣也称绣花，是传统的图案表现手段，即在已经加工好的缝料上，以针引线，按设计要求、图案造型以不同绣法进行穿刺，由一根或一根以上缝线采用自连、互连、交织而形成图案的手段或方法，再次对材质进行艺术化加工。刺绣分为普通机绣和电脑绣花机两种。普通绣花是先把图案画在服装裁片上，再用普通的刺绣机刺绣出图案图形，这种绣花方式适合单件服装的装饰。电脑绣花机是由电脑控制的绣花机械，它能使传统的手工绣花得到高速度、高效率的实现，并且还能实现手工绣花无法达到的“多层次、多功能、统一性和完美性”的要求。绣出的图案，效果工整、细腻、表现力丰富，还可自动换色，适合大批量生产。据载，新石器时代遗留的织物痕迹中就已有简单的刺绣。通常根据运针、设色、针法等的不同，分为彩绣、十字绣、抽纱绣、贴布绣等。

1.彩绣

一般指以各种彩色绣线绣制花纹图案的刺绣技艺，是我们最熟悉、最具代表性的一种刺绣方法，也称色线刺绣。彩绣具有绣面平伏、针法丰富、线迹精细、色彩鲜明的特点，在服饰图案设计中多有应用。彩绣以线代笔，通过多种彩色绣线的重叠、并置、交错产生丰富的色彩和肌理效果。彩绣的针法主要有线形针法、锁链状针法、锁边缝线迹针法、花结针法、缎绣线迹针法、羽状线迹针法、人字型线迹针法等。在针与线的穿梭中形成点、线、面的变化，也可以加入包芯，形成具有立体感的图案，如图2-96所示。

2. 十字绣

十字绣又称挑绣或区域刺绣，是利用十字布的粗布纹，按布纹绣出有规律的花样来，如图2-97所示。

图2-96　彩绣

图2-97　十字绣

3. 抽纱绣

抽纱绣是以布为基础进行的花边性编织刺绣，在图案设计的织物相应位置上抽去一定数量的经纱和纬纱，利用布面上留下的布丝，以绣线进行有规律的编绕扎结，编出透孔的纱眼，组合成各种图案纹样的刺绣方法。用这种方法能形成独特的网眼效果，风格秀丽纤巧，装饰性强。抽纱绣的方法大体可分为两类，一是只抽去织物的经或纬一个方向的纱线，称为直线抽纱；二是抽去经或纬两个方向的纱线，称为格子抽纱，如图2-98所示。

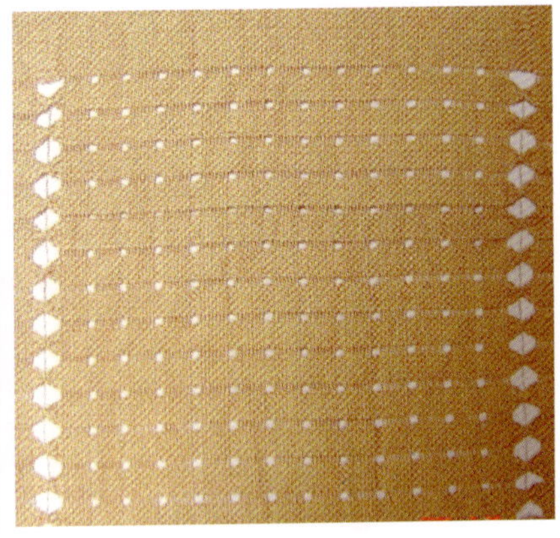

图2-98　抽纱绣

4. 贴布绣

贴布绣也称补花绣，是一种将各种形状、色彩、质地、纹样的布组合成新的图案后贴缝固定在服装上的刺绣方法。可在贴花布与绣面之间衬垫棉花等填充料，使图案隆起而有立体感，贴好后再用各种针法锁边。这种绣法简单，图案以块面为主，如图2-99所示。

5. 镂空绣

镂空绣是在刺绣后将图案的局部切除，产生镂空效果的技术，如图2-100所示。

图2-99　贴布绣

图2-100　镂空绣

6.包梗绣

先用较粗的线打底或用棉花垫底，以便使绣出的花纹隆起，然后再用绣线刺绣。包梗绣秀丽雅致、富有立体感，装饰性强。

7.雕绣

在绣制过程中，花纹绣出轮廓后，将轮廓内挖空，用剪刀把布剪掉，犹如雕镂。

（三）绘

运用一定的工具和染料以手工描绘的方式直接在服装上进行图案创作的手法。绘不仅是传统服饰染彩工艺，还是时尚青年喜爱的个性化服饰图案表现手段。由于不受机械印染中图案套色与接头的限制，手绘具有极大的灵活性、随意性。手绘的纹样色彩绚丽而抽象，可按设计需要绘制出有特色的个性化的面料，鲜明地反映创作者个人的意趣和风格。现在手绘图案可以应用在棉、麻、混纺、雪纺、真丝、毛呢、针织、毛衣等不同的织物上。根据服装款式设计出不同风格的图案和花型，采用不含任何化学成分，对人体没有任何危害的环保纺织颜料，手绘出精美的图案。手绘图案技法可细可粗、可刚可柔、可收可放、运用自如，具有很强的表现力，运用广泛，如图2-101所示。

图2-101　绘画装饰

（四）织

织是通过织物纱线本身的色彩及组织结构来构成图案的方式。利用各种软性线型材料，以各种手工编织技法，或通过机器编织出具有特殊肌理的图案，强调结构和肌理的变化，具有粗细、疏密、凹凸等节奏韵律，表现出很强的装饰性。可以通过运用不同号型的毛衣针，按不同的针法，用不同粗细的毛线，织出花样不一的织物，形成不同的肌理形态。

1.手工编织

原古时，人类就已开始以树枝、藤条进行简单的编织后披挂在身上。现代服装设计把手工编织作为一种材料再创造的方法，通过放大编织物的结构和肌理效果，使它有别于传统的服饰图案，呈现出全新的视觉美感，如图2-102所示。

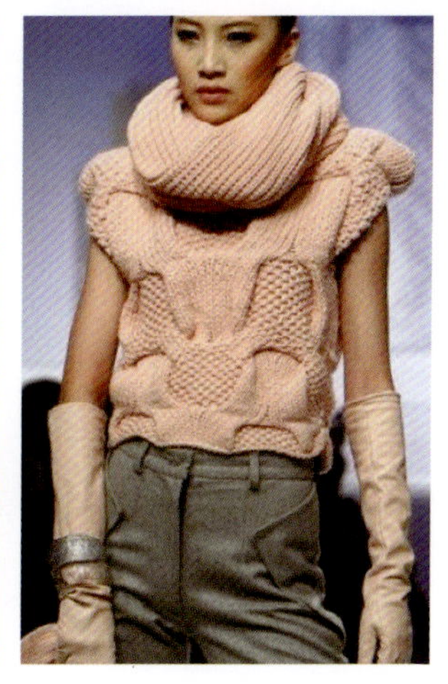

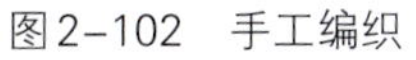
图2-102　手工编织

2.机械编织

机械编织指利用机器来进行图案造型的方法。机织图案的特点及风格取决于织物纤维的材质、色彩以及组织结构，如图2-103所示。

（五）缉明线装饰

用明线缉出装饰性的图案或花边，使用一般简单的缝纫机工具即可。缉明线具有朴实的效果，如图2-104所示。

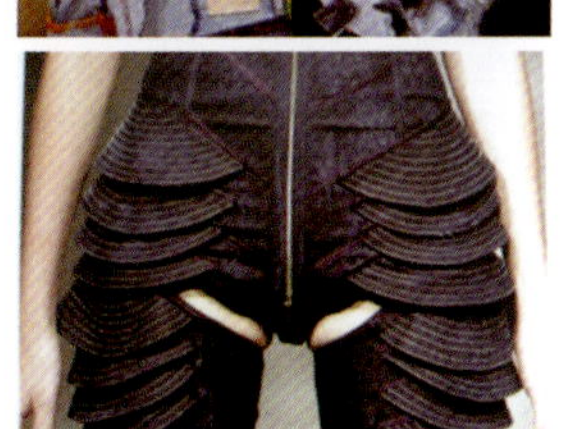

图2-103　机械编织

图2-104　缉明线装饰

## 二、服饰图案

图案是一种既古老又现代的装饰艺术，是对某种物象形态经过概括提取，使之具有艺术性和装饰性的组织形式。服饰图案是指服装及其配件上具有一定图案结构规律，经过抽象、变化等方法而规则化、定型化的装饰图形和纹样。服饰图案在服装设计中不仅仅起着装饰作用，还能较为直观地表达设计者的设计思想和情感，表现自然美和艺术美。另外，服饰图案还具有一定的社会象征性，代表着不同的宗教、阶级，反映出当时的社会伦理，体现出着装者的身份和地位。例如中国传统图案中的龙纹服饰，便突出表现为一种身份、地位和等级差别。服饰图案能够及时、鲜明地反映人们的时尚风貌、审美情趣、心理诉求等。服饰图案是服装文化及欣赏的重要内容之一。

### （一）服饰图案的素材来源

服饰图案的素材，可以分为植物图案、动物图案、人物图案、传统图案和文字图案等。不同的素材有不同的特点，以适应各种服饰的需要。从表现形式上可以概括为具象图案和抽象图案两大类。

具象图案是模拟自然形或人造形，具有较完整的具体形象的图案，它分为写实和写意两类。写实类图案形象的塑造偏重于原有形态特征的如实描绘；写意类图案则偏重于表现形象的神韵和设计者的意趣，在形象的塑造上对原来形态有较大改变，但不失其主要特点。写实性的花样，具有典雅感；写意性花样，具有洒脱感。

抽象图案是由非具象形组成的图案。它可分为几何形与随意形两类，几何形图案即运用规矩的点、线、面以及各类几何形组合成的图案，其构成形式呈明显的规律性或具有严格的几何骨架；随意形图案即以不规则的点、线、面或自然形象的分解重构，或以一些偶然形随意组合而成的具有审美价值的图案。

下面举几个实例具体分析。

#### 1.植物图案

植物的种类繁多，各有其生长姿态、形状、颜色、肌理的特点，对设计师设计服饰图案有许多启迪，如树木图案、花朵图案、折枝花图案、簇花图案、果实图案、叶子图案等。这些图案姿态生动、色彩丰富，适合各类服装。在应用时要注意其图案的特点，如树木枝叶主题服饰图案设计，或单独表现，或与动物、人物相结合。西方人认为大树是神圣的象征，对它怀有无限崇敬之情。要注意从植物的走势和方向，到叶片的翻转角度都应仔细考虑；注重枝干和叶子的比例关系，合理处理画面布局以及意境的营造。花卉图案在服饰图案设计中多为利用性设计，即利用面料原有图案进行有目的的、有针对性的装饰设计。在搭配时，要注意上下装都为花卉图案时应以不同色彩、大小和风格的图案混搭；上下装的花卉图案统一在一个色调中应有大小、具象和抽象的区别；尽量避免比较抽象的花卉图案和规则的花卉图案同时出现。矮胖的人不适合细碎规则的花卉图案，瘦小的人不适合过于夸张的花卉图案，如图2-105所示。

#### 2.动物图案

动物是服饰图案中常用的素材，以动物作为服饰图案设计的主题是极为丰富的，有的动物活泼灵巧，有的温柔恬静，有的憨厚可爱，有的威武凶猛。以动物作装饰，主要是挖掘各种动物的本性特征，或将其拟人化，或强调其可爱的一面，一般以活泼、灵巧、温柔、憨厚、有趣味的形象作为装饰。无论美丽的皮毛纹样还是生动的动物造型，都是绝好的服饰图案设计素材，如图

2-106所示。

3.人物图案

从服饰图案的素材来看，要求人物的形象生动、姿态优美。随着人们欣赏意识和追求新颖别致的心理的变化，某些服饰独特的人物形象受到部分青年的喜爱。以人物形象作为服装装饰，其受众以儿童、青年为主。在服饰配件中，如手帕、提包等，也有以人物形象作为装饰的，如图2-107所示。

图2-105　植物图案　　图2-106　动物图案　　图2-107　人物图案

4.几何形抽象图案

几何形抽象图案是具有现代工业设计特征的以几何形，如方形、圆形、菱形、三角形、多边形等为基本形式，通过理想式的主观思维对自然形态加以创造性的发挥而产生的一种新式图案。几何形花样具有极强的现代感，如图2-108所示。

5.传统图案

据《现代汉语词典》的释义，“传统图案”可定义为世代相传、具有特点的图案艺术。传统图案代表着一个时期的文化和审美，具有经典的含义。

中国传统图案将内涵意义与表现形式融为一体，图案规整、飘逸含蓄、内敛统一。如传统的花卉装饰图案、动物装饰图案、自然景物图案、字形装饰图案、几何装饰图案及“八吉祥徽”“汉八仙”、“国珍七宝”“吉祥四瑞”等主题图案，内容丰富，寓意深厚。西方图案具有自然奔放、灵动洒脱的特征。

西方图案素材很丰富，如古埃及墓壁面、寺庙壁画、浮雕画的人物图案，波斯图案，欧洲文艺复兴时期的图案，巴洛克图案，佩兹利图案，苏格兰花格图案，印度纱丽图案等。如图2-109所示。

图2-108　几何形抽象图案

图2-109　传统图案

6.文字图案

在我国新疆尼雅、楼兰等地发现的汉式织锦残片中可证明，文字图案早在汉代就被运用于织物上了。而至明清，吉祥喜庆的文字，如喜、福、寿等常常和其他图案结合并频繁出现在服饰中，传达着特定的文字意义，也起到了装饰作用。伴随着现代信息的高度发达，文字与人们的生活紧密无间。文字图案不但成为品牌的宣传和表达的符号，也是服饰图案设计的重要素材之一。

（二）装饰部位

在服装中，从面料本身的纹样到服装中装饰图案的组织构成，服饰图案的应用都是服装设计中不可忽视的重要内容。一般图案装饰应点缀在人体s形的外曲线部位，就是较为凸出而显眼的部位。有时与服装结构线配合，也可采取半露半藏的含蓄手法。如只在开片结构上的凸部表现大半朵花纹，另小半则隐藏在线缝凹侧。此外，应用手绘、扎染、蜡染的图案时，更要考虑图案的位置与结构的关系。服装上的主要图案，尽可能装饰在人体活动易展示的部位，如前胸、后背、肩头、领、袖、门襟、下摆、袖口、裤脚口等位置。人体活动的覆盖面，一般不作装饰，如肘弯、腿弯、两侧肋下等部位。图案置于人体的上部，会有上升的感觉，置于人体的下部会有稳健的感觉，图案横置于人体中心，无论是肩部还是胸部，都会有平稳安定的感觉。图案是横纹的连续组织，形体会有拉长感；竖纹的连续组织，会有横向扩张的力量感；呈斜线的图案组织装饰，会有不平衡的醒目感。

1.衣边装饰

衣边装饰包括服装的领口、袖口、襟边、口袋边、裤脚边、体侧部、腰带、下摆等部位的装饰。如果衣边装饰图案与服装整体色调形成反差，可增加服装的轮廓感、线条感，具有典雅、秀丽、端庄的特点，使服装款式结构特点更突出。但在现代时装设计中，如果应用不当，会给人保守、陈旧、墨守成规的感觉，如图2-110所示。

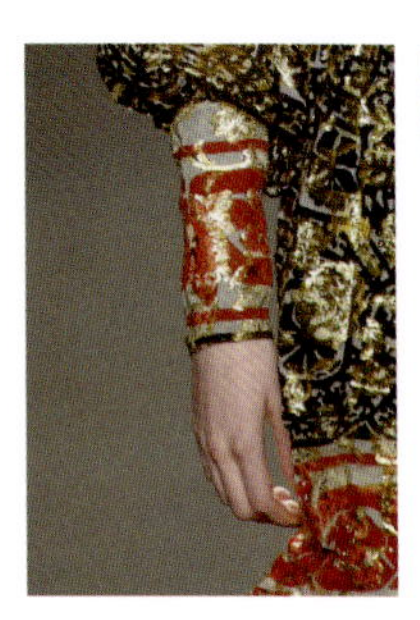

图2-110　衣边装饰

2.胸背装饰

胸背部位处于人们视线的中心，往往成为传统的、经典的服装图案装饰最为主要的装饰位置，可使用较大面积的装饰图案。因为胸背部位面积比较大，所以图案的大小、形状的设计不会受到太多的限制。以图案作为设计重点的手法，图案的题材和色彩、装饰形式、装饰工艺是服装风格形成的重要因素。由于胸背部位的图案装饰比较突出，所以图案往往是以独立纹样为主，在视觉上具有很强的独立性，在图案的设计上要注意图案的完整性，如图2-111所示。

图2-111　胸背装饰

## （三）装饰形式

### 1.满花装饰

满花装饰就是在服装中进行不留空白的装饰，其特点是饱满丰富。在平面的面料中呈现纹理细节的变化，打破单调、平淡的服装效果，服装整体显现比较活泼，强调飘逸、洒脱，忌给人压抑感。注意面料、设计元素、使用对象之间的有机联系，通过一定的艺术手法和分析综合，凝练出具有内在联系的设计整体。

这种方法往往直接运用服装面料的图案装饰，注意从大的视觉出发选择图案的面料，使面料图案、设计元素做到整体效果与服装既定的风格相统一。

满花装饰要注意服装之间的搭配，以免服装由于过量地使用满花变得单调、乏味，如上装与下装做搭配的变化，上装是满花装饰，下装则用单一的色彩，在明度和纯度上与上装有不同的对比，以达到变化和协调的效果，如图2-112所示。

### 2.局部装饰

局部装饰是指在服饰的个别部位进行图案装饰的处理，通过营造局部的效果形成整体的风格。局部装饰具有点缀、突出重点的作用。与胸背部的装饰不同，服饰图案的局部装饰可以通过小件饰品来完成。它是属于面积比较小的一种装饰，往往用在服装需要强调、醒目的部位，如胸部、领部、腰部等。或是服装由于结构的变化产生的结构块面，如服装上胸部分割成几部分，那在其中的块面部分进行图案的装饰，则可以得到变化的效果。

服饰图案的局部装饰必须与服装整体搭配、协调，装饰的部位按照中心的位置可以得到稳重的效果。但如果其他的设计要素变化不大，则显得保守；如果装饰重心偏离视觉中心，可以得到创新、前卫的效果，如图2-113所示。

图2-112　满花装饰

图2-113　局部装饰

### （四）服饰图案设计的原则

服装的图案设计是一项综合思考的艺术创造，不仅需要想法，而且还要考虑怎样把想法表现在服装上，这是个复杂而艰难的创造过程，需要灵感和反复实践，也需要对专业知识和操作规则有一定认知。因此在设计过程中要把握以下五大原则。

#### 1.图案要符合成衣的设计定位

从商品角度来看，成衣设计是根据品牌的定位进行风格的定位，而品牌风格的定位是根据消费群体的需求进行定位的。服装风格一旦确定下来，那么服装的款式设计、色彩的配置、工艺的设计、面料的选择以及装饰图案的设计必须符合定位服装的风格。服饰图案应用的意义在于增强服饰的艺术魅力和精神内涵。同时，图案始终是服装的一部分，无论从材料、制作工艺、实用功能、适用环境、穿着对象还是款式风格等方面的规定性来看，必需从属于整体服装，不能跟整体服装的规定性相冲突。在跟整体服饰规定性相统一协调的前提下，才可能达到增强整体服装艺术感染力的效果。在整个图案设计过程中，都应以体现乃至强调整体服装的规定性为前提。图案的风格因款式而异。例如，在童装上可刺绣一些生动活泼的动物图案进行装饰；女性的晚礼服可使用郁金香、玫瑰花等优雅的花卉装饰；表演装需要强调舞台效果，可使用大型的花朵进行装饰；强调传统性，可使用牡丹、团花等传统的花卉题材进行装饰；表明现代感，可使用现代的几何图案、各种抽象图案等进行装饰；表现民族性时，可使用各种民间蜡染、扎染及少数民族的图案进行装饰。服饰图案的使用若能恰如其分地对服装进行装饰，会起到画龙点睛的作用，不然会适得其反。在日常生活中，无论使用何种图案都应与服装的风格相协调。如居家服的装饰图案应灵活而随意，朴实而轻巧；宴会服和晚礼服的装饰图案要求华丽、高贵、典雅；新娘的婚纱装束应如白玉般纯洁无瑕，天使般可爱纯真。

#### 2.遵循服饰图案自身规律

服饰图案具有不以个人的意志为转移的普遍性规律。比如，从材料和工艺特点上来看，各种材料和工艺制作都有其特定的属性和“表情”，如贴布绣，以这种材料和工艺创作的图案，强调的是手工感、休闲、可爱的感觉，如果在皮革上采用贴布绣的材料工艺，就很难表达可爱的感觉。再如，从装饰布局来看，服装上的图案，对称的、中心式布局显得端庄、沉稳；平衡的、多点状布局趋于活泼、轻松；不平衡的、突兀的布局则能造成一种新奇、颖异的装饰效果。童装适合采用能营造新奇、颖异感觉的不平衡、突兀的图案布局，也常用中心式布局的图案，强调和夸张图案的个性。童装图案设计中，通常采用能表达儿童天真活泼个性语言的图案，根据图案本身特定的属性，准确地选择能表达设计意图的合适图案。

#### 3.具有符合时代要求的创新性

以图案为设计点的成衣设计，创新是体现图案装饰价值以及服装价值的重要手段。服饰图案如果缺少了创新性，也就失去了服饰图案设计的价值和意义。服饰图案的创造，需要突破常规，这种创造可以是想人之所未想，也可以是在别人创造成果的基础上进行再创造，把别人未曾充分表现的内容继续完善，或以全新的视角重新去审视和表达，但这种创新的前提是符合时代要求。服饰图案的创新性设计要符合实用性，创新性和实用性是服饰图案设计不可分割的两个方面。

#### 4.协调性

服装装饰图案的设计，从细节到整体都是有关联的设计，而不是孤立的设计。它包括服饰图案本身形式方面的秩序、对称、节奏上的和谐，又包括图案与服装、图案与人、图案与环境的相联系所产生的关系的和谐。在与服装的搭配中，图案的题材、内容、材料、设计风格要与服装的整体风格统一、协调；装饰图案与着装者的性别、年龄、气质、民族也要统一、协调；装饰图案与着装环境、时代特征也要统一、协调，如图2-114所示。

图2-114 服饰图案设计的协调性原则

（1）时间与空间的和谐

所谓时间与空间，不仅是着装者的活动时间和场所，还应该包括其所处的社会、时代、民族乃至文化教养等相关因素。

（2）局部与整体的和谐

服饰图案视觉形象和谐效果的产生，不但体现在各部分之间的比例、位置、主次等要素恰到好处的安排上，还表现在各部分与整体的和谐一致上。

（3）形式与精神的和谐

是指服饰形式所体现的气质感，如优雅、端庄、卓越、柔婉、浪漫、妩媚、娟秀、刚健、雄豪、伟壮、潇洒等，与服饰形式所体现出的精神因素密不可分。

（4）动态协调性原则

是指服饰图案的构成形式要与人体动态相协调。

**5. 可产品化**

服饰图案的设计最终要通过生产来实现，所以在设计时要考虑材料的特性、工艺生产的可行性与设计的可操作性。在设计的时候对实现装饰图案的材料及性能要有所了解，对生产工艺的手段要有所掌握。同时，还要掌握图案材料与服装面料的搭配可行性，要尽可能发挥不同材料的特长，做到物尽其用。

# 第三章

# 服装设计程序与方法

# 第一节　准备与构思阶段

## 一、主题贴板的制作

### （一）选择、确定主题

主题是一系列服装构思的设计思想和创意作品的核心。我们要着手设计一系列或一组服装，首先要做的就是确定设计主题。从众多的素材中选取其中一个点，并集中表现某一特征。可以选择你最感兴趣并最能激发你创作激情的元素来进行构思，这个启发灵感的切入点在逐渐变得清晰明朗时，系列主题就会显现出来。比如，在传统文化的素材中衍生出来的“印象”主题；或是从波普技术中衍生出来的“魔女徽章”等主题。如图3-1、图3-2所示。

图3-1　印象主题

图3-2　魔女徽章主题

### （二）制作概念板

概念板是用一种比较生动形象的形式来表达、说明设计的总概念，也可称之为故事板。制作概念板是整理设计思路和图像的第一步，可以对收集到的素材进行筛选，体现出清晰的设计理念。一旦设计思路被理顺，那么设计就会相对轻松许多。

其实，制作概念板就是通过多种途径搜集各种跟主题相关的素材图片，并对这些图片进行研究和筛选，而后将研究素材、流行意象以及趋势预测结合起来，最后把筛选好的图片粘贴在一块大板上；与此同时，尽可能地选择一组能体现主题的色彩系列一起放到贴板上，如图3-3所示。

这样能让设计师很轻松地掌控这些设计该如何演变。概念板的制作没有固定的要求，或简单，或复杂，简而言之，概念板必须要始终抓住设计方案的基调。

图3-3　概念板（作者：孙艺菲）

**【设计说明】**主题：《莫》。没有绚丽的色彩，没有华丽的包装，让所有的事物保留它独有的一种时间的沧桑感。

## 二、构思设计

### （一）绘制设计草图

设计草图是灵感具体化和设计思维深化的一个过程。你可以依据设计理念，运用我们前面所讲的加减法、同形异构法、组合法等设计方法，把你的想法大致展现在纸面上。在不断的尝试中，你可能还会萌生许多新奇的想法，逐步将原来还处在萌芽状态的许多东西变得清晰可见。

你还可以依据设计理念随手记录下一些关键的词语，也就是我们通常所讲的关键词。关键词的作用就是用来启发设计灵感，帮助你设计出符合主题的服装样式、细节，比如“蝴蝶结”“俏皮”等词语。由绘制设计草图再到设计正稿的完成这一过程也正是设计思维变化、体现的真实过程。与此同时，我们可以把一些局部的特殊工艺设计或细节制作成实物，这样不仅能进一步证明设计构思的可行性，更能在工艺制作的二次设计中获得更多的启示。

### （二）确定正稿

关于正稿的确定，则需要我们在多种变化的设计草图中选择并确定最佳的表现形式。在确定正稿的过程中，需要注意两个方面的内容：一是设计者需要回到最初的感觉；二是要用艺术的审美眼光去审视设计构思。这样做的目的是确定正稿是否符合自己的设计构思，是否是最具有表现力的设计，如图3-4、图3-5所示。如果在此过程中，发现有不理想甚至是还未能表现出最初思想的地方，就需要分析原因并进行修改。

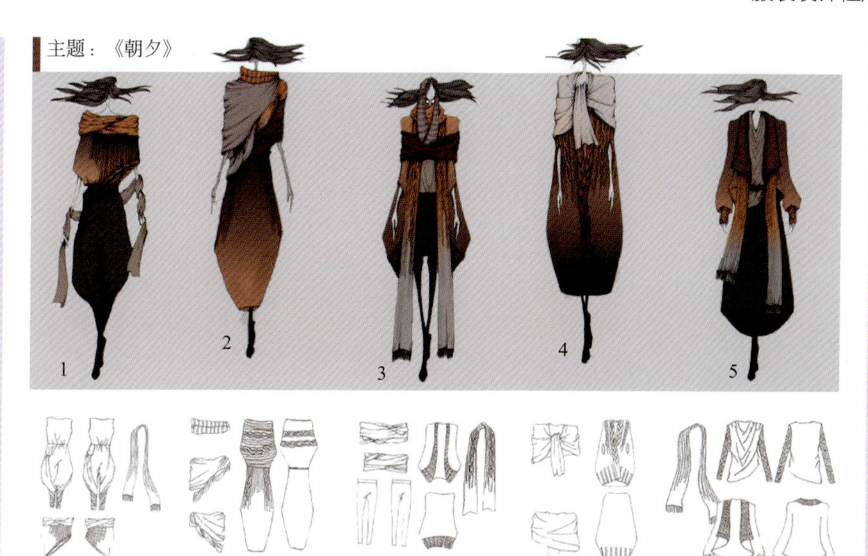


设计说明：夕阳渐下，大地就淹没在黑暗中，朝阳冲出地平线，人们就又对新生活充满憧憬、对新的事物开始充满期待。本系列的作品运用针织肌理的厚重感与梭织轻薄悬垂感体现服装的节奏感。同时、色彩上采用橘黄色的渐变色与沉稳的深灰色调迎合主题。

面料小样：

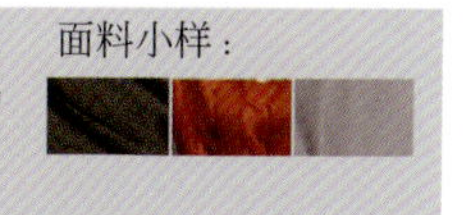

图3-4　设计作品《朝夕》（作者：叶雪珍）

图3-5　设计作品《大艺术家》（作者：崔欣）

**【设计说明】**夕阳西下，大地就淹没在黑暗中，朝阳冲出地平线，人们就又对新生活充满憧憬、对新的事物开始充满期待。本系列的作品运用针织肌理的厚重感与梭织轻薄悬垂体现服装的节奏感。同时，色彩上采用橘黄色的渐变色与沉稳的深灰色调迎合主题。

**【设计说明】**本系列服装采用中国古代的釉彩为主题，通过服装展现心中的釉彩艺术；用多种彩为主色调，白色为服装搭配色；廓形感极强的长短外套；面料上采用未来感十足的PVC面料辅助，让任何人都足以成为前卫的时尚先锋。

# 第二节　设计实践阶段

## 一、服装款式外观设计

服装款式，主要是指由服装的廓型和内部结构组合所产生的基本造型特征。款式，主要有服装外形、领子、袖子、门襟、腰头、腰带及口袋等式样，是构成服装的基础形态。而服装款式的外观则主要是指服装的整体外轮廓造型，它对服装款式的变化起着非常关键的作用，也是服装设计的最重要的因素之一。

纵观中西服装发展史，我们可以很直观地看到在整个服装演变的过程中，外观轮廓造型在每个历史时期的变化之大，它也直接反映了不同时代服装的风貌，如图3-6所示。或者我们也可以这么说，服装款式演变的最鲜明特点即是外观轮廓线的改变。服装廓形的微妙变化也能够引领世界服装潮流。然而，服装款式外观造型则主要依据人体各部位进行变化，主要表现在服装的肩部、腰部、臀部、底摆的围度以及位置。

图3-6　服装外轮廓造型演变

### （一）肩部设计

肩部造型的变化以及肩线的位置都会对服装的外观产生一定的影响。我们常见的袒肩、耸肩造型基本上都是依附于肩部形态略作变化而产生的效果。当然，肩部的制作工艺也会令服装外观造型产生一些微妙的变化。意大利著名时装设计大师乔治·阿玛尼曾巧妙地利用垫肩来塑造夸张的肩部线条，也就是风靡于20世纪80年代的宽肩造型。宽肩造型的突破给当时优雅的女装带来了崭新的男子气质。如图3-7 ~图3-9所示。

图3-7　柔和的肩部造型

图3-8　硬朗的肩部造型

图3-9　夸张的肩部造型

## （二）腰部设计

腰部的变化相对来说比较丰富，我们可以通过改变腰节线的高低和围度不断地创造出新的造型。腰部的变化可以使服装款式呈现不同的形态与风格变化，如低腰线休闲、随意；中腰线自然优雅、端庄；高腰线挺拔、雅致。松腰设计显得轻松、简洁；收腰设计柔美、纤细。总之，巧妙的腰部设计所产生的外形变化都富有不同的韵味，如图3-10 ~图3-13所示。

图3-10　束腰服装

图3-11　松腰服装

图3-12　高腰式服装

图3-13　低腰式服装

## （三）臀部设计

在服装发展演变的各历史阶段中，臀部造型经历了不同的演变，即自然—扩张—夸张—收缩等造型。如在西方服装发展史中的文艺复兴时期、洛可可时期、巴洛克时期，西方人为了夸张其臀部特征，流行用臀垫、裙撑等来将臀部高高垫起，如图3-14、图3-15所示。

图3-14　巴洛克时期的臀部造型

图3-15　夸张的臀部造型

### (四)底摆设计

服装底边形态的变化多样，或长、或短、或曲、或直；底摆的开衩与打褶位置高低变化都能给整个服装业带来深刻的影响。所以我们常说，底摆的形态是服装款式变化的重要参数，也可以说它是服装外观变化最为敏感的部位，如图3-16 ~图3-18所示。底摆的设计能直接影响到服装款式设计的比例关系，也能反映出一个时代的精神。

图3-16　曲线形底摆

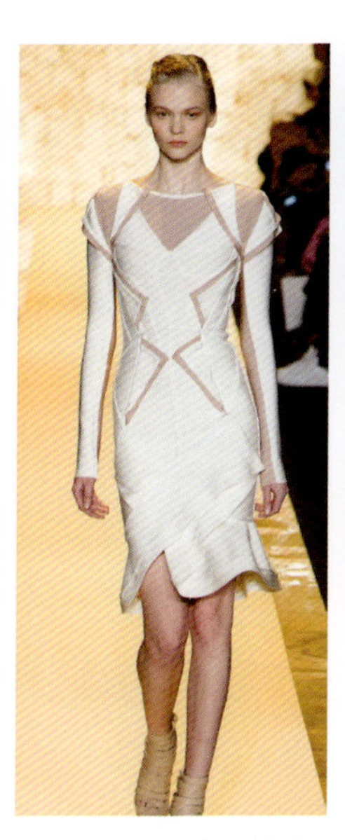

图3-17　不规则底摆

图3-18　多层裙摆

## 二、设计拓展

### (一)善于捕捉流行元素

要有准确、敏锐地捕捉服装流行元素的能力，如2015年春夏流行动物元素。对服装流行款式中的结构性元素、装饰性元素、结构与装饰相结合元素等进行收集、研究分析。通过对流行元素的捕捉可以对分割线、褶裥、堆积、垂荡、折曲、编织以及利用夸张手法表现出的不规则造型等方面进行能力训练，以此来提高对流行特征意识的敏感度，如图3-19所示。

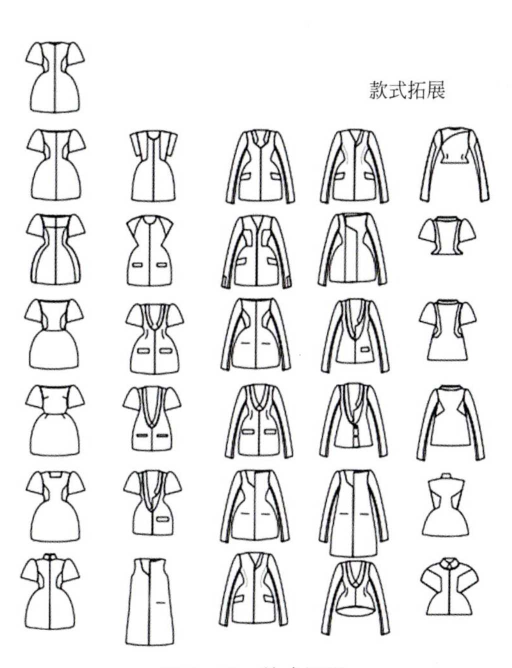


图3-19　款式拓展

### (二)运用流行元素进行创意设计

如何将捕捉到的流行元素有创意地运用在设计环节中，是需要重点解决的难题。我们可以利用所讲过的加减法、拆解组合法、

图3-20 加法

图3-21 减法

转移法等方法进行二次创意。

1.加减法

服装在追求奢华的效果时，加法原则运用较多；在追求简洁的时尚款式时，可以根据素材在设计上的形式美感，巧妙运用减法原则，如图3-20、图3-21所示。

其中，镂空法是减法的一种，对面料进行挖洞、打孔、抽纱处理，是对面料本身的一种改造手法，这种手法对服装内轮廓造型有一定的影响，主要运用在表现前卫风格的服装中。如2015春夏的Dolce&Gabbana、Giulietta、Kenzo等品牌，裙装较多采用镂空网格，如图3-22所示。

2.拆解组合法

在原有形态的基础上进行拆解，或打破原有的基础形态，在设计主题中组合、变化为一个有机的整体，以此创造出新的设计形象。

图3-22 Emilio Pucci、Akris、Altuzarra、Balenciaga 2015春夏镂空裙装

3.转移法

转移是将一种事物转化到另外的事物中使用，按照设计意图将不同风格品种、功能的服装相互渗透，相互置换，从而形成新的服装品种。如将正装中的元素转移到休闲装当中去，将时装元素转移到休闲装中。在转移过程中，由于双方所分配的比例不同，会碰撞出很多种可能，如图3-23所示。

4. 夸张法

在服装的整体与局部造型、装饰细节中常运用夸张的方法，一般采用重叠、组合、变换、移动、分解等手法，在位置高低、长短、粗细、轻重、厚薄、软硬等方面进行夸张表现，如图3-24所示。

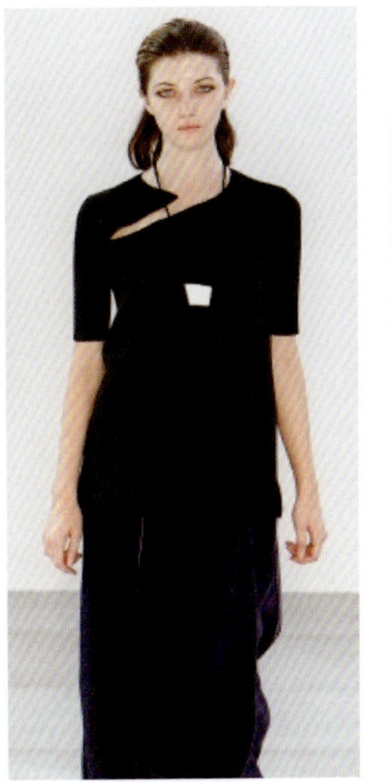

图3-23　转移法

图3-24　夸张法

5. 同形异构法

利用服装上的可变元素，衍生出多种服装外形，可以对服装的设计、色彩、面料结构、配件、装饰、搭配等设计要素进行异想变化。在基本上不改变整体效果的前提下，对内结构的分割线进行变化。

（三）掌握设计主次

成衣设计与创意设计是有所不同的。设计繁琐的款式虽然视觉冲击力强，吸引人眼球，但是在实际的市场销售中却大不如设计大方得体、主次分明的服装销量高。如图3-25所示，图中服装的视觉中心在腰部位置，加上创意的曲线分割线与面料巧妙地拼接，增添了女性的成熟、性感魅力。另外，下身裙摆的小波浪边设计很好地与腰部细节呼应，明显增加了视觉上的律动感，让整款服装设计主次分明。

图3-25　主次设计

（四）注重局部细节设计

适当选择细节并加以组合往往会起到突出或强调的作用，增加服装的一种细腻感，可以进行有创意的服装设计，如图3-26所示。如果想在细节上取胜，就必须做到量的积累，可随身携带图画本，看到好的细节设计就记录下来，有了这些细节的丰富积累，细节设计也就会变得更有底气。

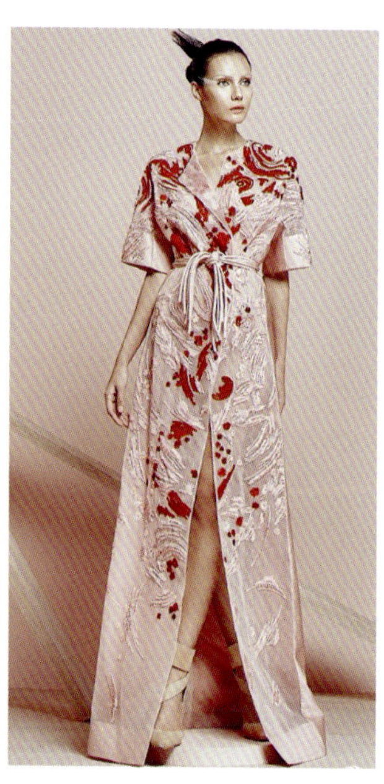

图3-26　细节设计

## 三、服装效果图的表达

服装设计的构思主要通过效果图的形式将其表达出来，换句话来说，就是将存在于设计师脑海中的设计构思运用恰当的方法将其表达出来。平面的表达形式是主要的表达方法之一，是用设计图的形式表达出设计构思和结构工艺细节，它具有经济、快速、形象的几大特点。设计图是设计构思中至关重要的环节，它可以快速地抓住设计灵感的火花，再运用熟练的绘画技巧把新设计的款式准确、生动、形象地呈现在观众面前。当然，设计图本身还具有指导服装缝制工作的作用，使打板师、缝纫车工能按照设计师的意图及要求，准确地制作出样衣。服装设计图主要有服装效果图和平面款式图两种，必要时需要配合相关的文字进行说明。

图3-27　服装效果图

服装效果图，也可以称之为服装设计效果图，是对时装产品形象较为具体的预视。具体来说，它是将所设计的时装按照设计构思，用比较生动、形象、真实的手法绘制出来。具备最佳的设计构思与扎实的绘画表现技法才能完成一幅完美的服装设计效果图。虽然服装效果图不是什么纯艺术品，但是必须要有一定的艺术魅力和美感，如图3-27所示。

在绘制服装效果图时，我们为了达到优美的形态感，较多采用8 ～ 9头身的人体比例，并运用较为写实的手法准确地表现人体着装效果。

### （一）服装效果图的不同技法表现

服装效果图的绘制不可缺少的就是各种绘画工具的灵活运用，这是因为不同的画具所产生的效果也是截然不同的。同种画具使用不同的绘画技法也能够表现出不同的绘画风格。常用的绘画工具主要有水彩、水粉、油画棒、彩铅、马克笔等，如图3-28～图3-30所示。在实际的服装效果图绘制学习过程中，要善于灵活利用不同绘画工具的特殊表现力，来表现出质感、肌理丰富的服装面料和变化多样的服饰效果。具体的表现技法可以借鉴参考技法类资料，在这里就不一一详解了。

图3-28　水彩工具表现　　图3-29　马克笔工具表现　　图3-30　彩铅工具表现

### （二）服装效果的不同材质表现

绘制服装效果图时，服装材质的表现是极为重要的一点。服装材质的表现是否到位直接影响着设计师设计意图的传达，所以把服装材质的表现作为服装效果图表达训练的重点。

鉴于服装材质的种类比较繁多，而且质地有薄厚、轻重、软硬、粗细之分，表现手法要有所不同，无形当中也给我们的学习带来了一定困难。但只要你平时能自觉地多去了解不同材质在衣纹、光泽、厚度以及肌理等方面的差异，并能够掌握面料特点，运用所掌握的表现技法，将面料特征表现出来。

#### 1.薄面料质感表现

丝绸与薄纱等丝织物都属于薄型面料，该面料的特征是质地轻盈、柔软、飘逸。在绘制薄料服装效果图时，适宜使用细腻、平滑的线条来表现轻松、自然的感觉；可以运用晕染法、喷绘法或者以淡彩的形式来表现出薄的感觉，如图3-31、图3-32所示。

图3-31　薄纱面料的表现效果（作者：王剑秋）

图3-32　淡彩表现

2. 中、厚面料质感表现

牛仔布、呢料等面料质地厚重、纹理清晰，与上述薄面料的表现截然不同，适宜使用挺括、粗犷的线条表现。绘制牛仔布服装效果图时，要着重表现面料的厚重感和斜纹肌理，可用摩擦法或拓印法。呢料的质地尤为厚重，并有粗花呢、细花呢之分，因此我们在绘制时要以表现面料的质感和编织的混色纹理为主。由于呢料的反光性较弱，可利用平涂、摩擦、洒色以及拓印法等表现其花纹，如图3-33所示。

3. 毛、绒面料质感表现

裘皮面料、羽毛面料、绒布等属于毛绒类面料。裘皮面料外表蓬松、体积感强、无硬性转折，如长毛狐皮面料还具有一种层次感。表现裘皮面料时，可结合撇丝法或刮割法，先铺深色部分，然后顺着其纹理逐层提亮，如图3-34所示。起绒面料光泽变化丰富，如天鹅绒奢华、色泽浓丽，光泽感强烈；灯芯绒柔软，反光性较弱。绘制时可以运用湿画法，让色彩自然晕开达到起绒感。

图3-33　牛仔、呢料表现

4. 透明面料质感表现

常见的有薄纱、网眼类织物等，主要特点就是透、露。我们可以通过重叠法、晕染法或喷绘法的综合运用来表现透明的效果。当透明面料覆盖在比它们的色彩明度浅的物体上时，被覆盖物体的颜色会变得较深；反之，被覆盖物体的颜色便会变浅，如图3-35所示。

5. 针织面料质感表现

针织面料以表现面料表面纹理特征为重点。针织面料的种类较多，如裁剪类针织、粗棒针织、细棒针织等，其表现方法也各不相同。在表现针织面料时，我们可以适当地夸张其针织纹理效果。提花针织的花纹、图案都需要符合发辫状的纹理规律，可以考虑一定的方块状与锯齿状。工具选择上，可以使用彩色铅笔、油画棒等；而技法上可采用摩擦法、勾线平涂等方法表现，如图3-36所示。

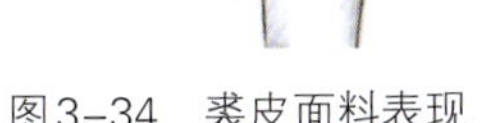

图3-34　裘皮面料表现　　图3-35　透明面料表现　　图3-36　针织面料表现

绘制服装效果图是作为服装设计师必须具备的一种基本专业能力。效果图表现得是否到位直接影响着设计意向的表达。所以，要想基本功过硬，就要在学习绘制服装效果图上下功夫，多观察面料、多动脑动手，反复借鉴、尝试练习，直到能够熟练地运用各种材料和技法准确无误地绘制出理想的画面效果。当然，在实训中也不能一味地参照别人的技法去表达，要根据自己的掌握能力与喜好努力去找到一种最适合自己的技法。只有依靠自己的勤奋和探索，才能成就独具一格的服装绘画风格，如图3-37所示。

图3-37　效果图风格

服装平面款式图是服装平面展开的结构图解。因平面款式图在服装设计中能快速记录印象、传达款式设计意图、指导生产，故款式图要能够准确地反映出服装的平面形态，主要包括服装各部位的长短比例以及其内结构线，如领型、袖型、门襟、纽扣、口袋、拉链，等等。另外，如果有特别的设计、复杂的结构设计或装饰细节等，需要在一旁附图交代清楚。服装的平面款式图绘制应准确工整，各部位的形状、比例要符合服装的尺寸规格。通常不需要像效果图般表现出服装的立体感，线条流畅整洁、单色墨线勾勒完成即可，如图3-38所示。

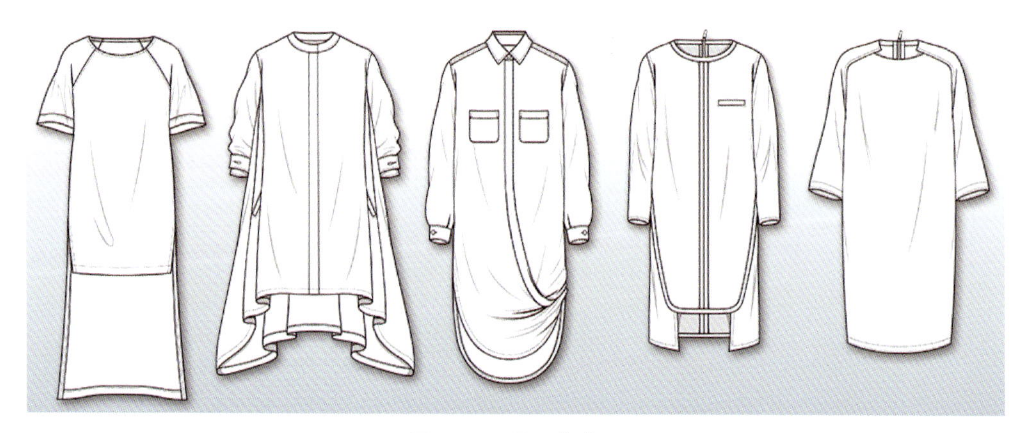

图3-38　平面款式图

在信息技术日益发达的今天，现代科技不断推陈出新，尤其是计算机技术的发展已经成为至关重要的一部分。随着计算机应用软件的不断更新进步，计算机技术已经渗透到服装设计的各个环节中。从服装设计角度来看，绘制款式特征明确、色彩协调、面料质感、肌理丰富、突出的服装效果图是我们完成设计的第一步，也是设计师与版型师、客户等合作团队成员沟通的桥梁。如图3-39所示。除此之外，像服装平面款式图绘制、服装制版与推板等都离不开计算机技术的辅助。由此可见，计算机辅助设计已经成为设计中不可缺少的重要组成部分。

图3-39　电脑时装效果图

# 第三节　结构设计阶段

## 一、 立体裁剪与人台的应用

立体裁剪与人台的使用是完全区别于服装平面制版的一种裁剪方法，但同样也是完成服装款式造型的一种重要手段。立体裁剪，是将布料覆盖在人台上，利用面料自身的伸缩性、悬垂性等特性，通过定位符号，运用分割、折叠、抽缩、转移、拉展等技术手法直接在人台上进行裁剪，从而完成理想的服装造型的过程，如图3-40所示。

立体裁剪与人台主要应用于单独的服装定制和成衣生产中。单独的服装定制是立体裁剪的最初始目的，通过对着装者体态特征、穿着目的、时间场合等相关方面的了解、分析，采用量体、假缝、试穿等一系列手段反复地进行修改、试制，从而达到形神兼备、完美的着装效果。今天的高级服装定制也在延续使用着这种严谨、奢华的制衣方法，如图3-41所示。

另外，成衣生产中所运用的立体裁剪是单独定制方法的一种延续与发展。但在服装文明进步的今天，继而出现了不同规格的人体模型，这也为工业化的成衣生产奠定了良好的基础。

立体裁剪由于自身的特点，在制作中主要适合用于以下几类服装：

① 不规则波浪、垂褶、褶皱以及不对称等形式的服装造型。因这类造型立体感较强，将造型展开为平面图形具有一定的难度。

② 悬垂性良好，但质地轻薄、柔软、固定性差的材料。

③ 强调立体造型的服装。这类服装在缝制前需要进行修正，如高级女装中多采用立体裁剪的手法，如图3-42所示。

图3-40　立体裁剪

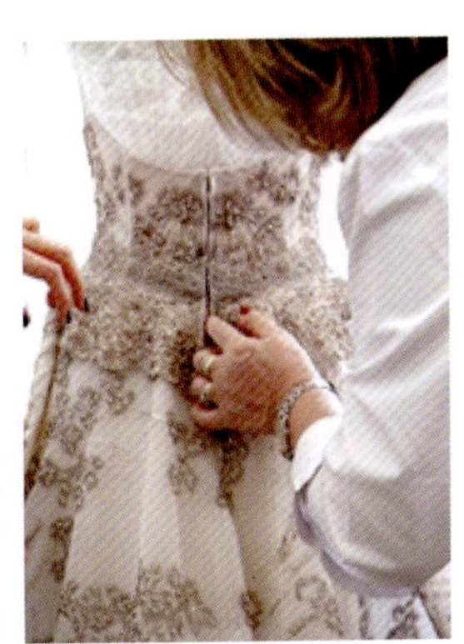

图3-41　立体裁剪的使用

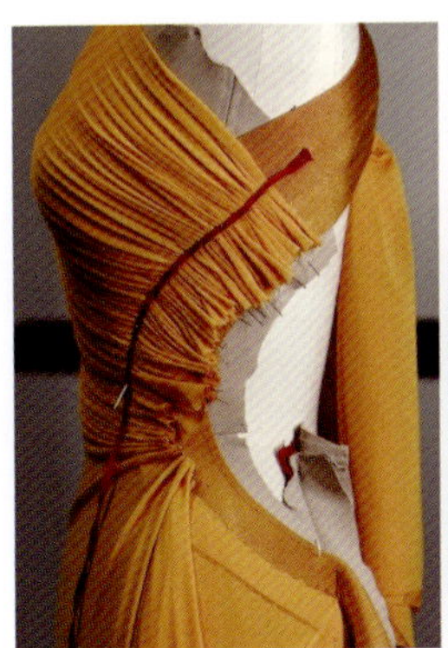

图3-42　立体裁剪广泛应用于高级女装中

总而言之，立体裁剪适合于材质柔软的针织面料，用面料紧紧围裹人台，或者用面料松松垮垮地披挂在人台上面，就可以很直观地看出穿着在人体的效果，并且可以随意进行调整、改动。一旦外观确定，就需要粗略地缝制出来，然后就可以请真人模特来试穿样衣。如果样衣出现部位移位现象等不理想的形态，就需要马上进行变更和改动，直至完美。

## 二、结构线、抽褶与塑形

在传统的服装设计造型中，我们把省道、分割以及褶皱定义为服装的内结构，也就是我们常说的结构线，这也是在最初的立体裁剪学习过程中研究最多的内容。服装的结构线体现在服装的各个拼接部位，是构成服装整体形态的线，主要包括省道线、分割线、褶裥等。服装结构线是依据人体及人体运动而确定的，具有舒适、合体、便于活动的功能性。虽然省道线、分割线、褶裥外观形态不同，但在构成服装时的作用是相同的，就是使服装各部件结构更加合理，形态美观，从而达到适应人体、美化人体的效果，如图3-43所示。

省道线是指根据人体起伏变化的需要，把多余的布省除去或收褶缝合，制作出合体的衣身造型，被剪掉的、缝合的就是省道。人体各部位的省道分别有胸省、腰省、后背省、臀位省、手肘省等。在省道的设计方面，可以是单个集中的、多方位分散的，也可以是弧线、曲线形的，具体的应用要跟服装的设计风格相一致，才能体现其特色，如图3-44所示。

图3-43　服装的结构线

图3-44　胸省的变化形态

分割线指为分割后再进行缝合的线。在服装设计中主要有结构分割线和装饰分割线两种。结构分割线是满足设计造型需要的分割线，可以取代收省的作用，能最大限度地表现出人体造型的立体形态，如公主线。装饰分割线主要是指由于审美视觉需求而设计的分割线，它在服装中主要起到装饰性的作用。装饰分割线在不考虑其他造型要素的情况下，可以通过位置、形态、数量的改变表现出端庄、活泼、粗犷、柔美等不同的服装面貌。分割线有垂直分割、斜线分割、水平分割、弧线分割、非对称分割等基本形式，如图3-45所示。

图3-45　分割线的形态变化

抽褶是通过对面料运用的缩褶变化而形成的一种面料效果，并有波浪起伏变化、立体量感和微妙动感的一种装饰性手法。褶是服装中常用的一种结构线设计，它可以取代收省的作用，满足服装的立体造型需要，因此也具有很强的实用功能。

初学者可对结构线中的褶裥、省道组合来进行多样化的练习。下面以抽褶为例来进行简单的讲解。

首先，要在人台上准确、清楚地贴好标识线，以保证纱向的正确；紧接着，在布料上画出要抽褶的线迹，再按照抽褶长度的2 ~ 3倍来计算需要抽褶的量；最后，进行缝合时需注意要边缝合边抽褶，以便观察褶皱所塑造的造型效果。针脚长短要一致，并将线头放在布料的背面。完成后布料覆盖在人台型上时要注意理顺布痕，如图3-46、图3-47所示。

图3-46　抽褶服装

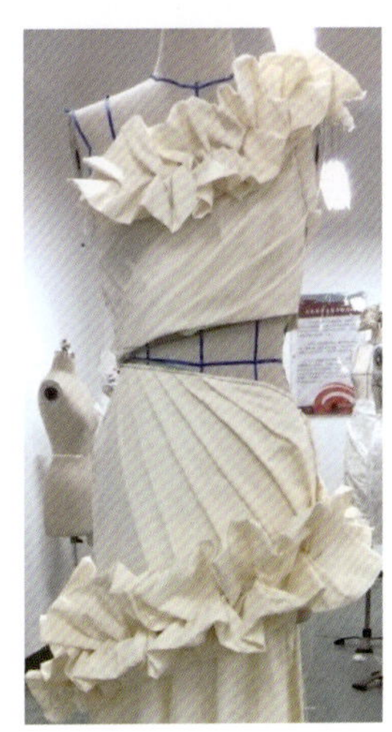

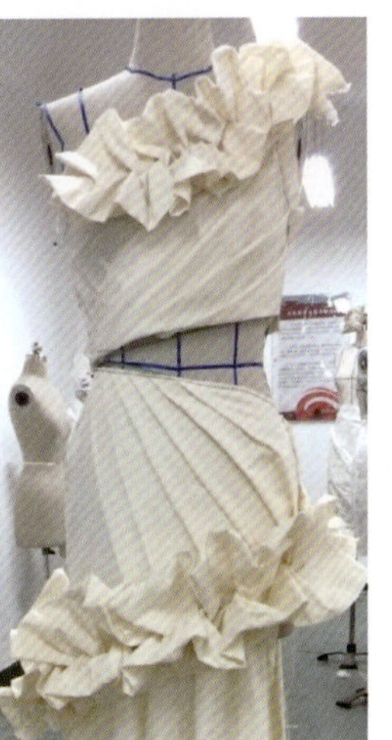

图3-47　立体抽褶

在这里我们对日本设计大师三宅一生（Issey Miyake）的名作进行一些解读，以供参考学习。

1992年三宅一生推出的褶皱系列服装成了他的标志性作品，而且这种细小而又整齐紧密的褶皱面料被设计成变化多端的衣裙。它们既贴体又无束缚感，结构简单、造型流畅的面料和设计已被许多不同年龄和气质的女性所采纳。三宅一生借鉴立体裁剪的方法，运用东方平面构成的观念以及前开包裹型、挂覆型、贯头型等包裹缠绕的直裁技术，在肩、领、腰、臀的不同部位做了褶皱的变化，凸出了东方女性娇小柔美的特征。

三宅一生作品设计的有趣之处在于随着模特肢体的摆动，褶皱会形成不同的形态，这种随意性和多样性的把握需要我们很好的掌握服装面料的特性和可塑性。在进行服装设计时能巧妙地运用省道线、分割线、褶裥等结构线，可以使服装的款式呈现丰富多彩的变化。同时，也必须考虑到外轮廓线与结构线是否协调统一，这需要凭借服装美学与剪裁技艺的娴熟功力，才能变化自如的进行创造。

## 第四节　样衣制作与整理

设计图稿完成之后，接着就是技术工作。样衣的制作是一门技术活，好的设计构思和着装

图3-48　样衣调整

效果都离不开优良的制作技术的参与。首先，要选定样品制作的中间号型尺寸，再在人体上测量出造型效果所需要的具体数据，然后完成样衣基本纸样制作；在认真考虑所用面料、配饰、制作工艺要求等因素之后，做出样衣初样。

经过样衣初样的制作后，会发现原有设计构思中的一些不妥之处或不足的地方，需要在初样上再次进行调整、修改。另外，样衣的制作还可以协调设计造型中各个部位之间线条分割与结构的关系以及局部与整体造型之间的统一关系，促使服装各个部位的处理进一步合理化。

样衣制作过程一般需要经过少则数次、多则十多次的反复修改和调整，直至设计从平面到成衣完成的过程中不断趋于完美，如图3-48所示。样衣制作最终完成后，要对样衣各方面进行仔细评价和严格检验，一般包括设计、面料、辅料、配件、外形以及技能、性能等方面；因为这将决定该服装设计产品能否进行批量生产。

在设计产品进入生产流程后，一般要经过剪裁—缝制—整理—整烫—检查—包装等工序。

## 第五节　服装整体组合搭配

服装整体组合搭配是指将两种以上的服装品类组合以形成某种整体风格。通过搭配和组合不同廓型、细节、色彩、图案、材料的服装，塑造一种统一协调的整体形象。组合搭配的内容除了服装之外，还包括鞋袜、箱包、首饰、丝巾等各种服饰配件以及发型、化妆等各种造型手段。

在进行服装整体组合搭配的环节时，可以参考以下的几种方法。

款式搭配：将不同廓型、细节、种类的服装组合搭配可以形成各种不同的风格类型。此外，还可以把人体比例因素考虑在内，巧妙使用一些凸显身材或高挑、或纤细苗条款式，可以使穿着者达到更好的整体效果。

色彩搭配：人们的视觉感受容易受色彩色相、纯度、明度差别的影响。色彩组合搭配的关键在于人们能否对不同视觉感受的色彩进行巧妙、和谐的组合，以此来达到预期的视觉冲击力，吸引更多的消费者，有利于商品的销售，如图3-49所示。

图案搭配：图案的组合搭配要注意遵循黄金比例的搭配原则，把握服饰图案的大小、阴阳的搭配等。图案面料的搭配可选用大面积的大图案面料与小面积的小图案面料相搭配，反之亦可；净色面料与图案面料的搭配可选用大面积的净色面料与小面积的图案面料相搭配，反之亦可，如图3-50所示。

图3-49　色彩搭配　　　　图3-50　图案搭配

材料搭配：自20世纪70年代后半期，人们逐渐开始关注不同材料之间的组合搭配。以整体着装效果为出发点，把握住不同材料在风格、表面肌理、光泽、厚薄等方面的特性，如图3-51所示。

图3-51　材料搭配

# 第四章

# 品牌成衣产品的设计与开发

品牌成衣设计与开发通常包括以下内容，如图4-1所示。首先，设计开发团队要进行市场调研环节，市场调研包括流行趋势调研、目标消费者调研、市场环境调研（包括宏观环境和微观环境调研）。然后，设计开发团队要进行目标市场选择，通常应用营销学上面的STP理论，利用变量对市场进行细分，选定目标市场，将市场定位传递给消费者。最后，再进行产品开发，设计团队要对面料流行趋势、色彩流行趋势和轮廓、细节流行趋势进行分析和讨论，确定产品设计，完成款式开发，进行工艺制作，同时核算成本，产品正式投放市场。

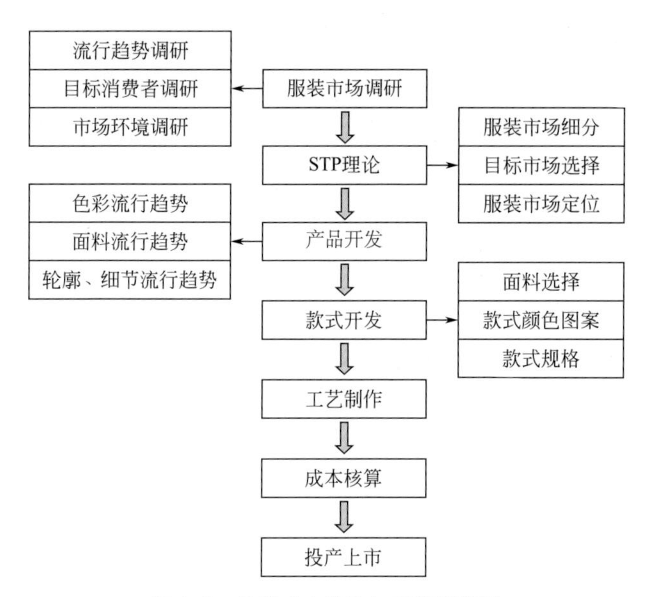


图4-1 品牌成衣设计与开发程序图

# 第一节 品牌成衣设计开发

品牌成衣的实际操作过程是从市场调研开始的，市场调研是保证品牌服装最终能够被消费者认同的前提。通过前期市场调研和分析，可以得到目标顾客的相关信息，掌握消费者的特征、心理结构和购买行为特征，也可以了解竞争对手的产品信息，为品牌的准确市场定位提供依据，确保市场开发的成功。

## 一、市场调研与分析

市场调研与分析过程是品牌成衣设计团队运用科学的方法收集各种市场资料，并运用统计分析的方法对所收集的资料进行分析研究，分析目标顾客和竞争对手，寻找市场机会，为设计开发团队提供信息依据的过程。

### （一）调研方法

调研方法包括一手资料和二手资料两种。一手资料又称原始资料，指市场调查人员通过实地考察得来的原始资料。二手资料亦称现有资料，是指经他人收集或整理过的资料，包括企业的内部资料和外部资料。

1. 文案调研法

文案调研是通过收集服装企业内部现有资料和收集外部现有的各种信息、情报资料并对收集的调研内容进行整理和分析的一种调研方法。

对于品牌服装设计开发而言，收集国内外服装流行资讯，掌握服装企业发展动态至关重要。企业外部信息资料是指来源于企业外部的各种信息资料的总称，包括各统计部门与行业协会公布的相关资料；国内外公开发行的出版物；各地广播电视提供的市场信息；各种国际组织、商会所提供的国际市场信息；国内外各种博览会、展销会、交易会和订货会；各种信息中心和信息咨询机构提供的市场信息资料等。对于品牌成衣开发，了解流行信息十分重要。利用网络资源，及时掌握流行色信息、面料信息、设计细节、工艺技术等相关信息，确保品牌成衣开发的前沿性。例如收集2015流行色发布。

## 2015早春系列色彩流行趋势

在设计师眼里，2015年早春是一个洋溢着新鲜、神秘又活泼的世界。不同于传统的对春季的解释，本季设计师不再着眼于“新生”这个季节概念，而是更多地回归于“度假”这个层面，给设计系列注入欢快的因子。所以在色彩上，除了经典的白色依旧得宠之外，设计师还大刀阔斧地运用蓝色、黄色、粉色和紫色。不同于夏季的浓烈鲜明，本季设计师将四种色调处理得更具“亲和力”，在色调上特意降低亮度，使之看上去更为柔和。

图4-2 澄澈湖水蓝

**【设计说明】**本季的蓝色调（图4-2）更偏向于湖水蓝，就如台风过境后的清澈明透的感觉，无疑为刚走出寒冷冬季的人们带来一股新鲜又舒畅的情怀。众多设计师在本季推出了一条湖水蓝连身裙，衣袖的边缘和裙身边缘都采用波纹状薄纱设计，模拟春季河水流动的状态，而清新明亮的颜色又让人充满对春季的憧憬。Rodebjer澄澈的蓝色调印花图案装饰打破了单色调的简约风格，丰富了整个成衣造型。

图4-3 柔和的淡黄色

**【设计说明】** 本季的黄色调（图4-3）偏向于柔和的亮度，以低调平和的态度获取人们的青睐。Louise Vuitton早春系列中的一条荷叶边连身裙，运用淡和的黄色调首先向我们展示了本季早春系列的态度：优雅、平稳，不会过于女孩气，但又恰到好处地表现出新一代都市女性形象。Gucci继续打造高贵大气的女性形象，运用上乘的面料和皮革，结合柔和的淡黄色，设计出一件长款风衣和一款手袋，将意大利的奢华质感尽情演绎出来。

图4-4 甜美婴儿粉

**【设计说明】** 再也没有什么颜色能够堪比婴儿粉（图4-4）更让人编织出甜美的梦想了。早春系列中的婴儿粉依然保留甜美的姿态，同时注入知性的元素，让色调看起来更为可人。DKNY本季早春系列特别痴迷粉色调，不管是外套还是蕾丝连衣裙，设计师都运用粉色调给成衣注入一股甜美知性的风格。Antonio Marras则利用浮雕般的肌理感给粉色调注入另一种活力，开襟大衣搭配同色连身裙，设计师保持了粉色调的童真与甜美，为早春系列带来甜而不腻的形象设计。

图4-5　神秘淡紫色

**【设计说明】**早春系列继续对紫色（图4-5）进行探索和运用。众多品牌喜欢单色调的处理手法，同时搭配近几季大热的模糊印花图案，让淡紫色更贴合度假的氛围。独具个人特色的个性品牌则继续大玩色块设计，将大面积的淡紫色与性感的肉色搭配，简单的色块拼接却又创造出令人惊喜的效果。有些设计师甚至喜欢借用具有刺绣感的印花图案装饰紫色调，不规则的印花处理设计与精湛的紫色相互融合，为早春系列带来意犹未尽的神秘感。

企业内部资料的收集主要包括业务资料、财务资料、产品销售统计资料等。品牌服装的开发设计具有延续性，因此上一季服装的销售数据对新一季的服装开发具有很好的参考价值。服装企业在准备向市场推出新品时，都先要对企业内部现有服装的销售额，不同品种、色彩、款式、成本、价格以及批发商、零售商和顾客的信息反馈等各种数据进行整理分析，以便决定新一季推出服装的品种和产品组合。

2.访问调研法

访问调查法也称访谈法，是指品牌成衣开发团队成员通过口头交谈方式、电话访问、召开座谈会或者个别访问等形式，向被调查者收集服装市场资料，通过分析所得资料，协助市场开发的方法。按照访问方式的不同，可以将访问调研法分为直接访问和间接访问。直接访问是指团队成员和被访问者面对面地交谈，获取调研信息的方法；间接访问是利用计算机辅助等方式进行调研。按访问内容的不同，可以将访问调研法分为标准化访问和非标准化访问。标准化访问也称结构性访问，品牌开发团队事先按要求拟好具体的研究项目，研究时按项目顺序依次提问，被访问者回答；非标准化访问是指品牌开发团队仅准备一个初步的提纲或者有些想法，与被访问者自由交谈，从中获得所需信息，这种调研方法多用于探索性研究。品牌成衣设计开发调研过程中，对专业人士的调研，通常采用非标准化访问，通过与被访问者的交谈，获得更多的专业信息。表4-1是童装品牌成衣开发时对决策者——孩子父母的访问提纲。

**表4-1 童装访问提纲**

| 访问提纲 | |
|---|---|
| 访问时间 | 2014年10月9日 |
| 访问地点 | 大连商场、金州安盛、开发区麦凯乐商场周围 |
| 访问对象 | 父母、长辈 |
| 访问提纲 | ① 您购买童装时会不会听取宝宝的意见?<br>② 您的宝宝有没有拒绝穿某件衣服或者戴某件配饰的现象?<br>③ 您是否有偏向某种面料的喜好?<br>④ 您是否专爱某一个童装品牌?<br>⑤ 您为孩宝宝购买童装时，第一考虑因素是什么?<br>⑥ 宝宝是否喜欢您为他挑选的服装?<br>⑦ 看到童星穿的服装，您是否会为自己的宝宝购买?<br>⑧ 您的宝宝是否有喜爱的卡通人物，而您在为他购买服装时是否会加以考虑呢?<br>⑨ 您在购买服装时，会与好友家的宝宝或您宝宝的朋友挑选一样的么?<br>⑩ 若宝宝非常喜爱一件服装，价格昂贵些，您会购买么?<br>⑪ 您在挑选服装时，第一位考虑的是什么? |

3.问卷调研法

问卷调研是指品牌成衣设计开发团队根据开发品牌服装特征设计问卷，选择目标消费者发放问卷，向消费者了解有关服装信息的方法。这是品牌成衣开发进行实地调查、搜集第一手市场资料的最基本的工具。这种调研方法具有以下几个优点，因而是最主要的调研方式。

① 调研对象广泛，针对性较强。

② 调研问题全面且专业性强，可根据调研目的设计问题。

③ 问卷调研法成本较低。

问卷调研通常包括问卷设计、问卷派发、问卷回收、数据编辑与整理、总结报告等几个环节。

调研问卷一般分为两种类型：第一种自填式问卷是将问卷交到被访问者手中，由被访问者自行填写，然后再由研究者收回；第二种访问式问卷由访问员将研究问题按要求读给对方听，由访问员将被访问者的回答填写在卷子上。

问卷一般包括标题、卷首语、主体和结束语四个组成部分。

（1）标题　标题是反映调研问卷的研究主题。标题的选择要求语言简练，文字须简明易懂，使被调查者对调研内容有一个大致了解，激发被调查者的参与兴趣。

（2）卷首语　卷首语是问卷调查的说明。其内容应该包括调查的目的、意义和主要内容，选择被调查者的途径和方法，填写问卷的说明，回复问卷的方式和时间，调查的匿名和保密原则，以及调查者的名字等。为了能引起被调查者的重视和兴趣，争取他们的合作和支持，卷首语的语气要谦虚、诚恳、平易近人，文字要简明、通俗、有可读性。卷首语一般放在问卷第一页的上面，也可单独作为一封信放在问卷的前面。

（3）主体　主体是调研问卷的核心部分，包括调查的问题和回答的方式，以及对回答的指导和说明等内容，它由一个个问题及相应的选择项目组成。通过主体部分问题的设计和被调查者的答复，市场调查者可以对被调查者的个人基本情况和对某一特定事物的态度、意见倾向以及行为有较充分的了解。

（4）结束语　结束语可以只是简短地对被调查者的合作表示真诚的感谢，记录下调查人员姓名、调查时间、调查地点等，也可以征询一下对问卷设计和问卷调查本身有何看法和感受。结束语要简短明了，有的问卷也可以省略。

### （二）抽样方法

抽样方法是指品牌成衣设计开发团队在调研过程中如何选取调研对象，通常是按照一定的程序，从所研究对象的全体中抽取一部分单位进行调查，并在一定条件下对研究对象的数量特征进行估计和推断。抽样调查包括随机抽样调查和非随机抽样调查两种。随机抽样包括简单随机抽样、等距抽样、分层抽样和整群抽样；非随机抽样包括配额抽样、任意抽样、典型抽样、判断抽样和滚雪球抽样等。

在选取调研样本的时候，品牌成衣设计开发团队要结合自己的设计情况，根据自己的调研目标、调研对象、调研时间安排、调研经费等进行抽样方式的选取，选取调研对象，最终完成调研。

### （三）调研结果分析

#### 1.环境分析

品牌成衣设计开发进行的环境分析包括宏观环境分析、行业市场环境分析等。品牌成衣设计成功与否最终是要通过市场的检验，成衣开发团队要分析市场所在的营销环境。企业所在的宏观营销环境包括人口、经济、政治法律、自然、科学技术和社会文化环境等企业不可控因素，通过分析这些因素，设计团队可以发现市场机会或者威胁，团队成员可以利用机会，减弱或者化解危机。

例如，通过市场调研发现，女装品牌定位正逐渐向两极分化发展；中国女装品牌的市场定位逐渐出现价格上的两极分化，高价的越来越高，低价的则越来越低；女装流行趋势逐渐趋向欧美风格；中国女装市场流行风格经历了从波西米亚风到韩流、俄罗斯风情，再从维多利亚风发展到欧美风等。通过调查女性品牌服装流行趋势，女装消费将逐渐向个性化、休闲化、多样化、时装化和品牌化转变。尤其是对于有一定经济基础和一定消费品位的消费者来说，她们更喜欢的是有个性、有休闲气质、时尚而又有一定知名度的品牌服装。消费市场将会出现两种趋向：一种是位于高端的国际名牌的销售量将有所上升；另一种是中低档消费开始渐渐向中档消费转变。通过这些环境分析，有助于品牌成衣团队进行品牌定位、风格定位等。

#### 2.消费者分析

品牌成衣产品设计是否成功的最终检验者是消费者，对消费者的了解和熟知是品牌成衣设计成功的前提。消费者分析包括消费者的个人信息分析、消费者的个性特征分析、消费者的心理特征分析、消费者的购买行为分析等。

（1）消费者的个人信息分析

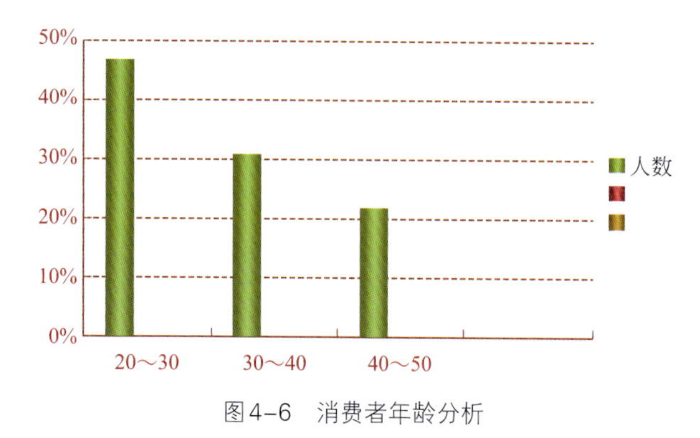


图4-6　消费者年龄分析

消费者的个人信息（图4-6、图4-7）包括消费者的年龄、性别、职业、学历、收入等基本信息，这是品牌定位的基本信息。品牌设计过程中，往往通过消费者的个人信息将消费者分成若干个具有相似特征的群，品牌创意产品设计团队结合环境分析、市场分析、品牌设计产品特点找出自己的目标顾客群。例如某品牌服装的目标消费者为女性、年龄在18 ~ 25岁，她们大多数为正在上学的大学生或者刚刚参加工作的职场女性，她们大多数人受过高等教育，拥有大专及以上学历，收入不是太高，但是由于有父母的资助，具有一定的购买能力。

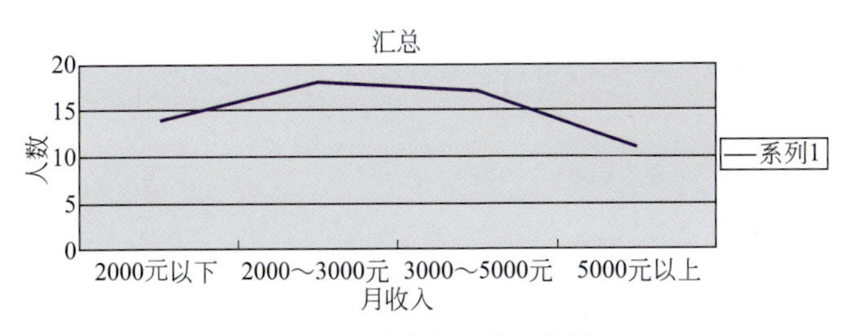


图4-7　消费者月收入分析

（2）消费者的个性特征分析

消费者的个性特征（图4-8、图4-9）包括消费者性格特征、消费者的气质特征和消费者爱好等。不同性格特征的消费者在服装选择上会有不同的表现。例如性格开朗的人，会选择白色或者暖色系的服装，一般不会选择黑色或者冷色系；性格温和的人，在选择服装时，一般会选择色彩柔和、款式适中的服装。品牌创意设计与开发过程中，要充分研究分析消费者的个性特征，进行品牌定位，形成品牌个性，并将其传达给消费者。例如美特斯邦威的“不走寻常路”“每个人都有自己的舞台”，以独特的品牌个性赢得了年轻人的心理需求，使其在休闲市场脱颖而出，提升了品牌价值。

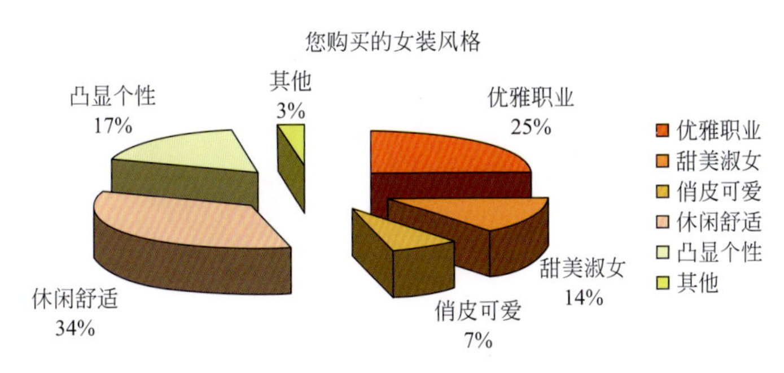


图4-8　消费者购买服装风格分析

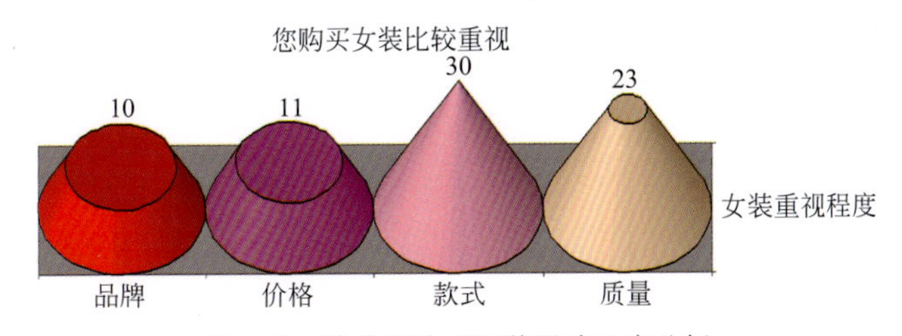


图4-9　消费者购买服装影响因素分析

（3）消费者的心理特征分析

消费者的心理特征（图4-10）包括消费者的潮流感觉、消费者的文化及生活取向、消费者的自身期望。对于消费者来说，服装不仅是展示自己的脸面，更是展示心理上的自我形象。一般情况下，消费者选择服装是为了展示理想状态的自我。例如那些哈韩哈日的年轻人，可能是向往街头嘻哈青年的生活。调查显示，大部分女性消费者都追求服装样式的变化，反映出她们追求时尚变化的心理。

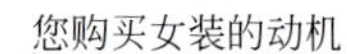


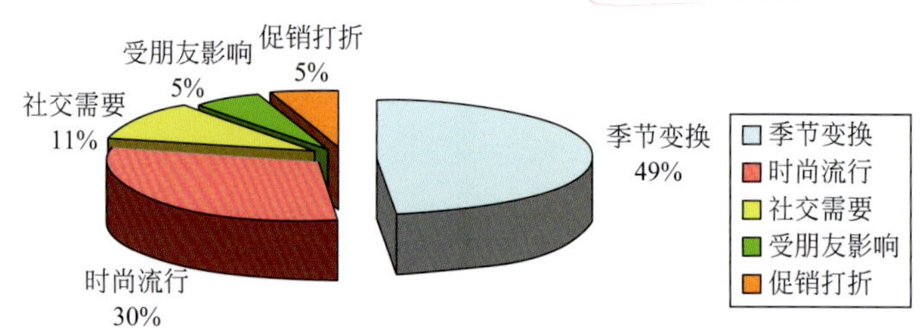


图4-10　消费者购买动机分析

（4）消费者购买行为分析

消费者购买行为（图4-11、图4-12）包括消费者的购买地点、消费者的购买时间、消费者的价格承受能力、消费者的服装消费力、消费者选购服装时注重的因素、消费者希望获得的服务和优惠、消费者的消费意见倾向、消费者的品牌销售倾向。在对消费者购买行为进行分析时，通常会分析消费者在什么地方购买服装设计产品，如商场、专卖店、网上等；购买时间则可能是节假日、新品上市、季节更替等，品牌设计团队可以根据目标顾客群的购买时间来设定推出新品的时间。根据分析消费者的收入，判断消费者的消费能力；根据消费者购买服装时注重的因素，来判断消费者对服装款式的要求，进而推出适合目标消费群体的产品，确保品牌成衣开发的成功。

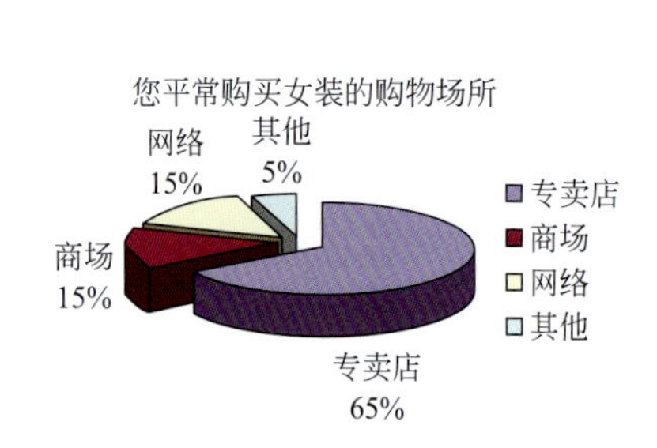


图4-11　消费者购买服装场所

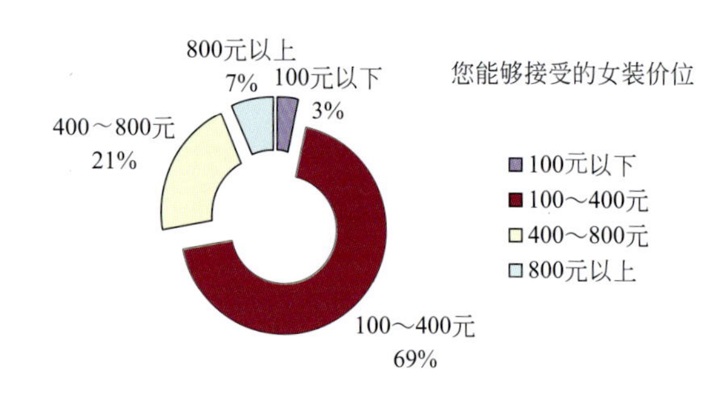


图4-12　消费者购买服装价格

### 3.竞争对手分析

SWOT分析方法是一种企业战略分析方法，即根据企业自身的内在条件进行分析，找出企业的优势、劣势及核心竞争力之所在。其中，S代表strength（优势），W代表weakness（弱势），O代表opportunity（机会），T代表threat（威胁），其中，S、W是内部因素，O、T是外部因素（表4-2）。按照企业竞争战略的完整概念，战略应是一个企业组织的强项与弱项和环境的机会与威胁之间的有机组合。在进行品牌成衣设计之前，选择与设计品牌相类似的竞争品牌对其进行SWOT分析，寻找自己的市场机会，对成衣设计的成功至关重要。

表4-2　SWOT分析方法

| 项目 | 设计品牌 | 竞争品牌1 | 竞争品牌2 |
|---|---|---|---|
| 优势 | | | |
| 弱势 | | | |
| 机会 | | | |
| 威胁 | | | |

## 二、目标市场的确定

一个成功的品牌创意设计与开发，必须要有一个明确的市场定位。在市场定位过程中，通常会运用市场营销的STP营销理论，即市场细分（segmenting）、目标市场的选择（targeting）和产品定位（positioning）。服装市场细分是成衣品牌设计团队首先要根据服装消费者在服装需求上的差异性，按照不同的细分变量将服装产品市场分成若干个子市场，在每一个子市场中消费者的服装需求大致相同。细分变量包括地理变量、人口变量、心理变量和行为变量。

地理变量：地区、人口密度、气候、市场规模等。

人口变量：性别、年龄、职业、教育程度、民族、体型特征、家庭人口、家庭收入等。

心理变量：社会阶层、生活方式、个性。

行为变量：购买时机、需要的利益、使用情况、使用频率、品牌忠诚度、待购阶段等。

对于品牌成衣设计团队来说，目标市场的选择包含两个方面的内容。第一，品牌成衣设计团队要选择开发产品的大类，即选择设计开发男装、女装或者童装；然后决定设计开发的品类，即职业装、休闲装或运动装等。第二，品牌成衣设计团队要在细分的子市场中选择适合自己开发的目标顾客群，要考虑子市场目标顾客群的年龄范围、学历特征、经济收入、生活方式、服装穿着的场合等因素。

例如哥弟女装（图4-13）将30岁以上这一年龄段的女性作为目标市场，这部分消费者生活讲究，需要得体漂亮的衣着，但是由于传统的着衣观念和身材的限制，使得她们没办法尝试时尚品牌。哥弟女装品牌成功地把握了这部分消费者的消费心理，设计开发能满足其需求的产品，成功地占领这部分市场，在女装市场中的销售额一直名列前茅。

图4-13　哥弟女装

品牌的市场定位包含两部分内容，一是服装产品的品牌定位，包括产品定位、价格定位、产品风格定位、消费者群定位等；二是要把品牌定位通过某种方式传达给目标消费者。品牌的具体定位通常包含以下几个方面。

（1）品牌的概念

品牌名的概念、品牌故事的设定、品牌理念的浓缩。

（2）品牌风格

产品在消费者心目中的形象以及被认同的特点，强调产品的差异化特质。

（3）品牌的消费对象

产品适合穿着人群以及背景，消费观念、生活方式、穿着场合、个性气质、生活理念、家庭关系等。

（4）品牌的设计特点

主要从商标、款式、面料、色彩等方面来体现个性化。

（5）品牌的价格定位

确定产品在市场上的系列价格，强调产品的价值，而非成本。

（6）品牌的服务

销售中以及售后的系列服务。

## 三、产品研发

### （一）产品的流程

#### 1.企划确认

企划确认是指对企划方案的确认，由企划部召集，会同经理部、市场部、设计部、生产部等所有主要部门负责人参与。

#### 2.设计确认

设计确认是指对设计方案的确认，由设计部召集，经理部、企划部、市场部、采购部、生产部等相关部门参与。

#### 3.原材料确认

原材料确认是指对采购的原材料确认，由采购部召集，会同企划部、市场部、设计部等相关部门参与。

#### 4.样衣确认

样衣确认是指对即将投产的样衣确认，由设计部（或技术部）召集，会同生产部参与。

#### 5.样板确认

样板确认是指对最终样板的确认，由技术部召集，会同生产部参与。

#### 6.工艺单确认

工艺单确认是指对加工工艺单的确认，由技术部召集，会同生产部参与。

#### 7.成品确认

成品确认是指对产成品的确认，由生产部召集，会同企划部、市场部、设计部、技术部参与。

#### 8.仓储确认

仓储确认是指对产成品入库数量和质量确认，在仓储部、生产部之间进行。

### （二）设计的流程

设计流程是指贯穿整个设计过程的各个环节的配合过程。一个健全的设计流程是产品开发得以顺畅进行的前提。如果设计流程矛盾重重，运作环节磕磕绊绊，将势必影响到产品开发的顺利进行，从而拖住整个品牌推广的进程。

### （三）设计方案

#### 1.造型

造型也称款式，是指按照系列或产品大类，用数款比较有代表性的造型图表达该系列的造型特点。服装造型分为整体造型（也称廓形）和局部造型（也称零件），服装上的装饰是指从美观角度出发而不强调功能意义的局部修饰，也称细节或细部。造型图不必过多地表现服装款式的细节，也可以利用资料图片剪贴，如图4-14 ~图4-19所示。

图4-14　服装整体造型与局部（一）　　图4-15　服饰整体造型与局部（二）

【设计说明】

图4-14连衣裙让舒展的廓形更显夸张。低V领样式和无袖样式是最受欢迎的款式。

图4-15舒适性和保暖性是围巾最重要的功能。想要夸张一点，就选择图案吧，还可以加上隐藏式搭扣或按扣等扣件。

图4-16　服装整体造型与局部（三）　　图4-17　服装整体造型与局部（四）

【设计说明】

图4-16短款T恤，运动针织面料与真丝拼接，呈现出细腻的哑光与光泽感对比，用在T恤上效果极好。简约绗缝或定位绣花也是极佳的选择。

图4-17飞行员夹克是百搭外套，适合换季时节穿着。飞行员夹克结合运用垂直绗缝、精致印花、绣花和厚重金色五金饰件，备显奢华。落肩设计、茧形廓形和短款长度让飞行员夹克兼具了现代感。

图4-18　服装整体造型与局部（五）　　图4-19　服装整体造型与局部（六）

图4-20　标准色卡

图4-21　自制色卡

【设计说明】

图4-18大码梯形廓形的防尘外套和风衣依然是2015～2016秋冬女装重点款式。要想显得与众不同，就结合运用绗缝来打造时尚休闲大衣款式吧。

图4-19运用真丝来改良秋冬的七分裙，尝试在裙摆处运用与裙身不同的绗缝图案。古铜色、古金色等黯淡金属色十分适合个性晚装风格七分裙。抽绳、牛角扣等运动装特色细节为裙子增添了摩登运动风。

2. 色彩

色彩也称配色，是指按照系列或产品大类，选择包含拟采用色彩的资料图片作为形象化表达，同时可以用来说明故事梗概。也可以利用标准色卡（图4-20）或自制色卡（图4-21）选择几组主要的色彩表达该系列的色彩基调。按照主副色系及每个色系所占产品比例来表现色彩概念，如图4-22～图4-25所示。

图4-22　色彩概念（一）

图4-23　色彩概念（二）

图4-24　色彩概念（三）

图4-25　色彩概念（四）

**【灵感与探索】**文化探索会成为2017盛夏的色彩设计方向，它将会呈现出一缕阳光的色调，带领我们探索从海洋到沙漠再到丛林边缘的色彩世界。淳朴的大地色调如咖啡色、椰子棕色和沙滩色将会成为重点的中性色，芒果黄色、奇异果色、鹦鹉绿色和火龙果粉色将会带来加勒比海文化的亮丽热带色彩，极其适于运动与冲浪。

3.面料

按照系列或产品大类，选取几组有使用意向的面料小样，与造型概念配合使用。当看中的面料没有合适的色彩时，必须用色卡表示。根据每一种面料的使用面积贴出每种面料的使用比例，则对产品概念更为直观，如图4-26、图4-27所示。

图4-26　面料小样（一）

图4-27　面料小样（二）

**【灵感与创新】**无论在时尚还是装饰品类中，设计师总把他们的设计兴趣放在纹理质感、立体表面的应用上。通过采用机械的和手工的折叠、打褶、压花，除此之外，还有喷射铸造法和激光剪裁，来提升立体层次感，增加三维性动画廓形和表面。在当代服装的设计中，光滑的雕刻般的立体感超越了概念上的舒适，演变为潮流的商业化趋势。

4.产品框架表

根据企划部对产品大类的企划，将产品的大类、属性、系列分布、品种、数量做一个框架图表（图4-28），在进行具体款式设计时作为参照标准，对产品的全貌可以有一个总体的认识。

| | | 款式名称 | 奢华款 | 经典款 | 时尚款 | 简约款 | 小计 | | 长裤 | | | | | |
|---|---|---|---|---|---|---|---|---|---|---|---|---|---|---|
| 上装类 | 外穿类 | 西装/套装上衣 | | | | | | 下装类 | 中裤 | | | | | |
| | | 梭织短夹克 | | | | | | | 短裤 | | | | | |
| | | 毛料大衣 | | | | | | | 长裙 | | | | | |
| | | 梭织长风衣 | | | | | | | 半裙 | | | | | |
| | | 梭织短风衣 | | | | | | | 短裙 | | | | | |
| | | 针织长外套 | | | | | | 连衣类 | 日常连衣裙 | | | | | |
| | | 针织短外套 | | | | | | | 连衣裤 | | | | | |
| | | 披肩 | | | | | | 礼服类 | 仪式大礼服 | | | | | |
| | 内搭类 | 针织上衣 | | | | | | | 仪式小礼服 | | | | | |
| | | 梭织上衣 | | | | | | | 普通大礼服 | | | | | |
| | | 毛衫 | | | | | | | 普通小礼服 | | | | | |

图4-28　某品牌春夏产品框架表

5.设计方案陈述

品牌成衣产品设计开发团队要整理归纳设计方案。方案内容包括设计理念、灵感来源、作品分析等。

[案例一]

(1)设计灵感——充满生机的设计　在20世纪70年代末80年代初期的纽约，时尚人士正开始探索着地下摇滚乐、时尚和艺术场景，将重归时尚的90年代颓废摇滚风融入纽约都市风格元素，打造出令人耳目一新的休闲女装。这一季的休闲女装设计融入了布法罗风格元素、巴斯奇亚风格印花和哈林早期在地铁里的涂鸦作品。面料和风格反映出那个时代二手商店的主要风格，浓缩羊毛、斜纹棉、表面粗糙的回环运动针织面料和法兰绒层叠打造出20世纪80年代风格的超大款式休闲装，如图4-29所示。

图4-29　设计灵感

(2)色彩　使用蘑菇色、深橄榄绿色和沙色作为基础底色，而深褐色、象牙白色和炭黑色作为强调色彩打造而成的涂鸦风格印花令这一系列休闲装呈现出20世纪80年代纽约的都市风情，如图4-30所示。

超大T恤
双面运动针织面料
上卷的撞色衣袖
方形轮廓
前短后长的下摆
超大的20世纪80年代风格夹克
圆形肩线
水洗斜纹布
方形轮廓
松紧式裤脚管的斜纹棉裤
腰部褶裥细节
破斜纹布
带有松紧带的
裤管口
牛仔紧身胸衣
背部褶饰细节
酸洗牛仔面料
前短后长下摆的运动衫
马鞍形覆肩细节
表面磨蚀细节
厚重的运动针织面料
布法罗风格窄腰宽裙摆半身裙
纸袋形褶裥腰部
厚重的羊毛面料
80年代风格克龙比式大衣
夸张的肩线
凹口翻领
卷起的衣袖
精缩羊毛绒呢
法兰绒方格纹衬衫
表面光滑的揿扣
贴身的款式

图4-30　色彩与风格

## [案例二]

（1）设计主题——高贵奢华　庄严的巴洛克式风格和华丽的服饰启发了这个超级女性化、浓密装饰的派对装系列，如图4-31所示。

图4-31　主题元素

（2）主要细节　如图4-32～图4-34所示。

精美的蕾丝　　金色　　丝硬缎

图4-32　细节（一）

（3）色彩　这个派对系列女装的主题是高贵奢华，闪亮的金属色是重点。使用抢眼的金色和绿金色装饰品来点缀浅蛋酒色和粉彩色服装的表面。将这些色彩与浓烈且高贵的皇室色彩，比如深红色、宝蓝色和鼠尾草色结合在一起，为这个系列女装增添了高贵和奢华的感觉。

（4）奢华系列款式图　如图4-35～图4-42所示。

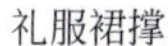
礼服裙撑　　腰部细节　　装饰性缝合线

图4-33　细节（二）

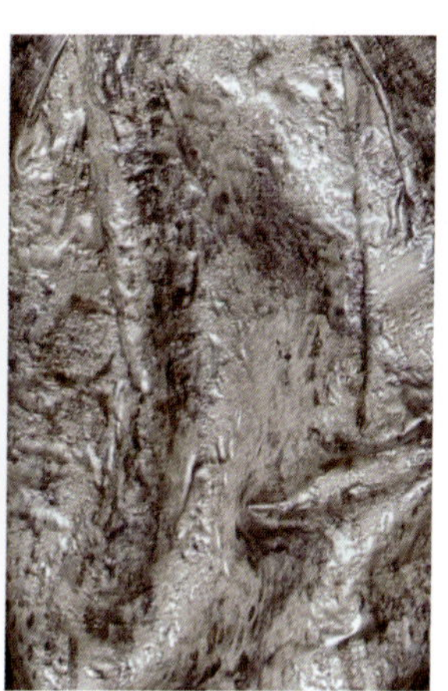

巴洛克风格　　浓密的装饰品　　金属色融合

图4-34　细节（三）

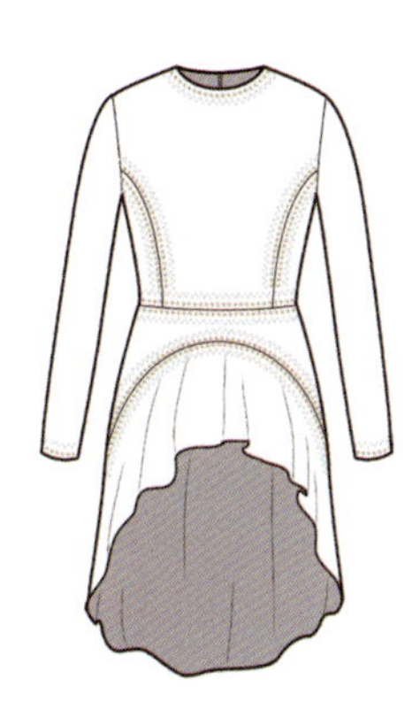

图4-35　长款上衣　　图4-36　直筒连衣裙　　图4-37　七分袖连衣裙　　图4-38　无袖肩带连衣裙

**【设计说明】**

图4-35腰部带有装饰短裙的长款上衣采用真丝绉打造而成，瀑布式下摆和铆钉镶嵌缝合线

是重点。图4-36提花丝绸直筒连衣裙重点突出细褶的荷叶边裙摆、装饰性的铆钉和宝石镶嵌衣领细节。

图4-37装饰性的四分之三长度衣袖的连衣裙采用厚重的羊毛绉绸打造而成，位于连衣裙中央的宝石和铆钉镶嵌是主要的装饰细节。

图4-38带有裙撑的刺绣连衣裙重点突出褶饰肩带、双层半身裙和刺绣亮片饰边。

图4-39　连衣领上衣

图4-40　束腰半身裙

图4-41　羊毛斗篷

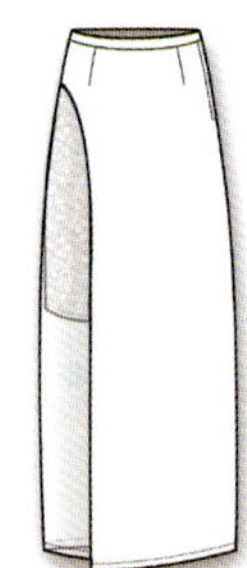

图4-42　拼接半身裙

**【设计说明】**

图4-39采用粗花呢运动针织面料打造的织锦上衣重点突出印花织锦图案和宝石装饰、金色的铆钉镶嵌缝合线、背面中央的粗拉链细节。

图4-40束腰半身裙重点突出结构感的装饰腰带细节。圆形的金色铆钉、缩褶和宝石定点镶嵌是半身裙的主要装饰细节。

图4-41铆钉镶嵌的厚重羊毛斗篷重点突出美丽的花朵印花、揿钮系结和渐变色的铆钉细节。

图4-42透明雪纺拼接的半身裙重点突出雪纺拼接上的丝绸蕾丝印花。

## [案例三]

（1）设计主题——优雅　如图4-43～图4-52所示。

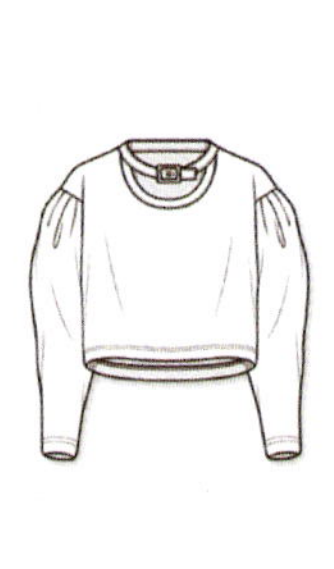

图4-43　休闲卫衣

图4-44　飞行夹克

**【设计说明】**

图4-43大号运动汗衫/宽松大袖子/溜肩设计/领口镂空剪切搭扣细节/箱型廓形/柔软运动针织布的色彩为蜡笔分彩色。

图4-44大号飞行员夹克/领口整齐罗纹/罗纹下摆和袖口/门襟以拉链装饰/混合两种运动针织面料，表面为压花和纹理效果/服装色彩为柔软蜡笔分彩色色块组合。

图4-45　镂空T恤

图4-46　喇叭袖上衣

【设计说明】

图4-45溜肩设计的箱型T恤衫/圆领设计/短袖/领口，肩部和下摆为镂空剪切图案/精致挖花花边，避免毛边效果。

图4-46飘逸上装/方形领口/插肩袖子接缝处有锯齿状镂空剪裁/袖口宽松，并以褶裥装饰。

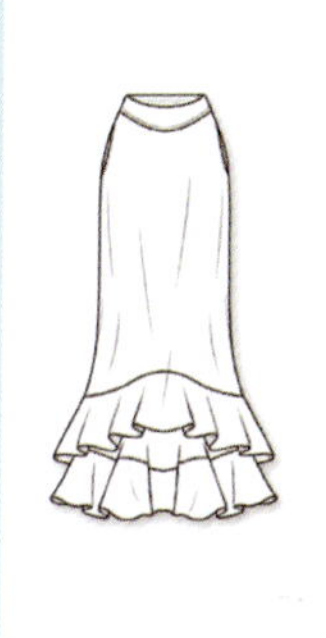

图4-47　高腰长裙

图4-48　衬衫式连衣裙

【设计说明】

图4-47长及小腿的褶裥半身裙/高腰设计/无缝腰带/口袋融入臀部边线/荷叶边双层下摆。

图4-48V字领衬衫式连衣裙/束腰设计/蝙蝠袖/胸部设计为斜切镂空剪裁/不对称下摆/白色夹色纱运动针织面料搭配蜡笔粉彩色色斑。

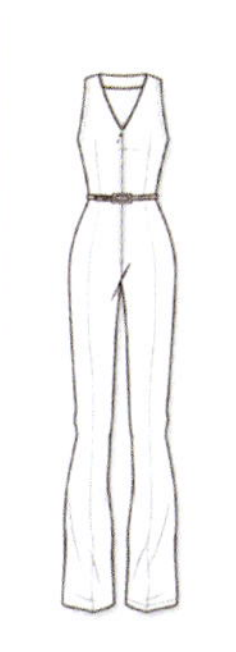

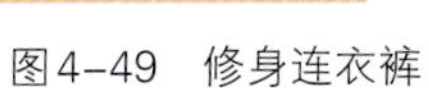

图4-49　修身连衣裤

图4-50　马甲式背心

**【设计说明】**

图4-49修身20世纪70年代一件式单品/V字领/前襟拉链设计/高腰皮革腰带/修身喇叭型裤子。

图4-50简约围裹式门襟/露脐马甲式廓形/圆领设计/前襟流畅/服装色彩为灰色或尘粉色。

图4-51 修身小脚裤　　图4-52 灯笼袖连衣裙

**【设计说明】**

图4-51修身小脚管马裤/简约腰带搭配钩眼扣子/前襟水平褶皱伞裙/肩部过肩设计/领部镂空剪切设计/蝴蝶结丝唇袋/缝线位于裤腿中部/踝部以纽扣装饰。

图4-52带/灯笼袖搭配褶裥袖口/腰部弹力镶嵌/伞裙。

（2）设计细节　如图4-53所示。

图4-53 款式细节图

**【设计说明】**

图4-53中，1为罗纹纹理；2为修身腰带；3为镂空剪切领口；4为蝴蝶结领子；5为激光剪裁图案；6为不对称下摆；7为灯笼袖；8为荷叶边袖子。

（四）款式设计细节与成品

款式设计、细节与成品，如图4-54～图4-62所示。

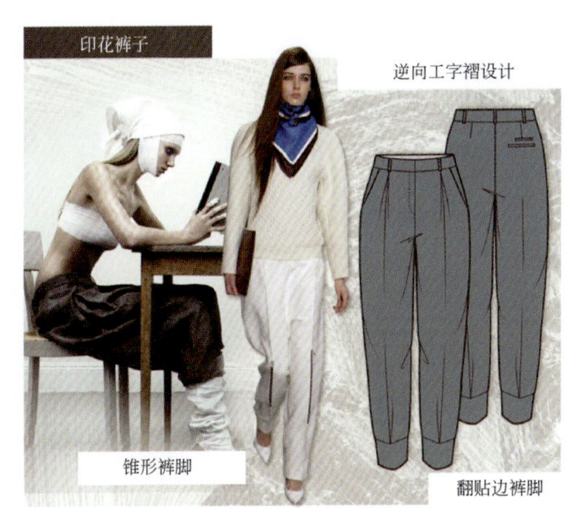


图4-54 锥形裤子款式与细节

图4-55 夹克款式与细节

图4-56 T恤衫款式与细节

图4-57 半身裙款式与细节

图4-58 衬衫款式与细节

图4-59 无袖连衣裙款式与细节

图4-60　裤子款式与细节

图4-61　长袖连衣裙款式与细节

| 项目 | 投放数量 | 设计数量 | 倍率 | 说明 |
|---|---|---|---|---|
| 女装品牌 | 150～200 | 300～400 | 2 | 女装以款式多、面料新为特点，是需要款式设计最多的服装大类 |
| 男装品牌 | 60～100 | 90～150 | 1.5 | 男装款式比较单一，设计含量不高 |
| 童装品牌 | 100～150 | 200～300 | 2 | 童装款式较多，设计的余地较大 |
| 量贩品牌 | 50～80 | 100～120 | 2 | 量贩产品款式不多，配色和规格齐全 |
| 运动品牌 | 100～150 | 200～300 | 2 | 运动装款式较多，但设计手法比较简单 |
| 针织品牌 | 100～150 | 100～300 | 2 | 廓形变化不大，主要突出针法设计 |
| 休闲品牌 | 100～200 | 200～300 | 1.5 | 休闲装以品牌多为特点，但款式变化的范围不大 |

图4-62　中等规模品牌一年两个流行季中每个流行季所需求的设计数量

### （五）彩色款式图

彩色款式图，如图4-63～图4-78所示。

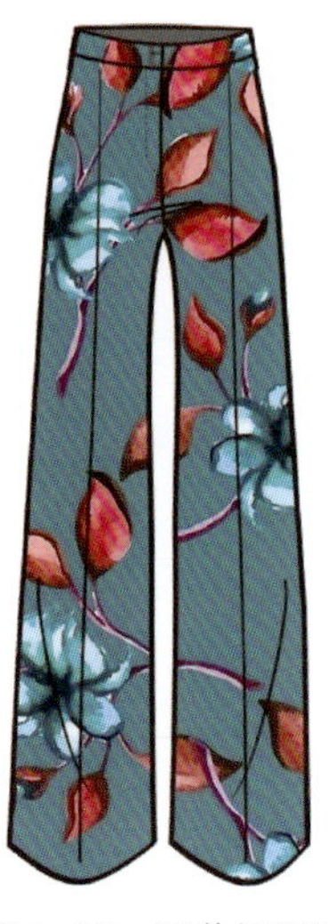

图4-63　印花阔腿裤

图4-64　斜襟连衣裙

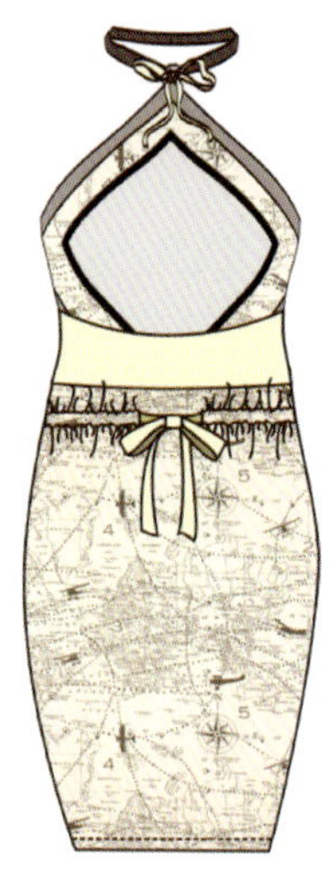

图4-65　挂脖连衣裙

图4-66　针织连衣裙

图4-67 雪纺衬衫

图4-68 宽松毛衣

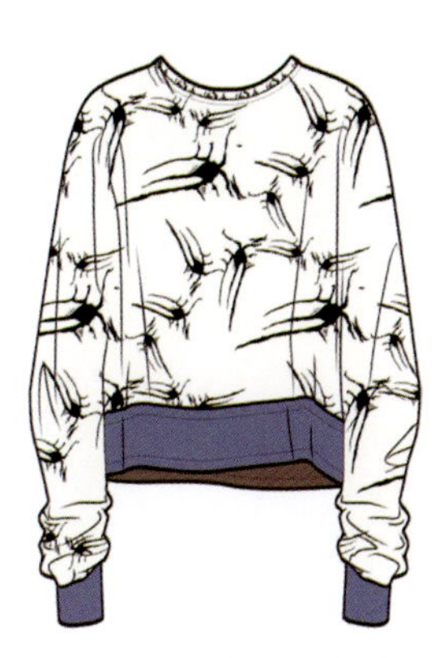
图4-69 休闲露脐装

图4-70 半袖针织衫

图4-71 半袖印花T恤

图4-72 高腰卫衣

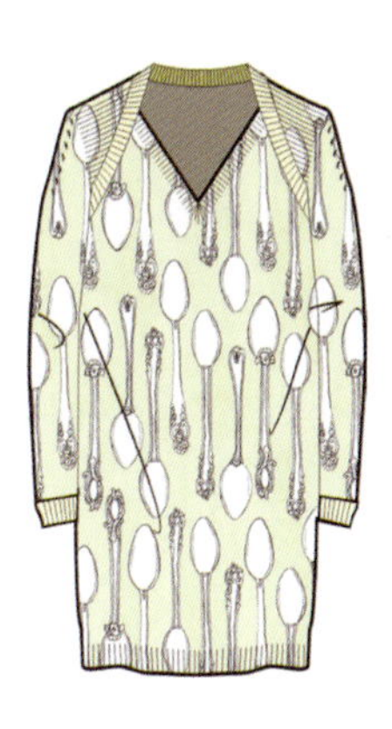
图4-73 印花宽松连衣裙

图4-74 印花修身连衣裙

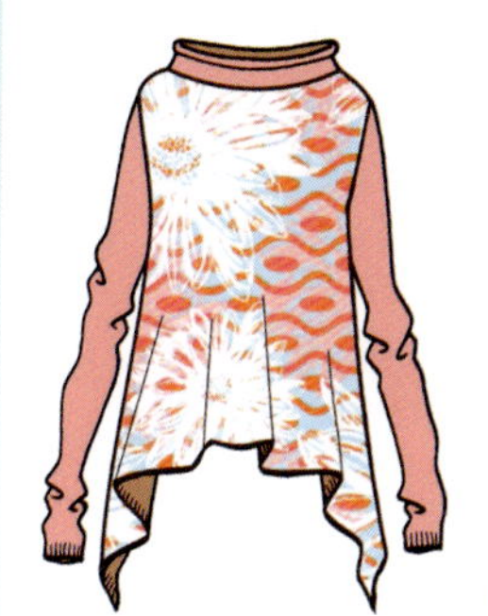
图4-75 不规则下摆上衣

图4-76 拼接外套

图4-77 荷叶边半袖T恤

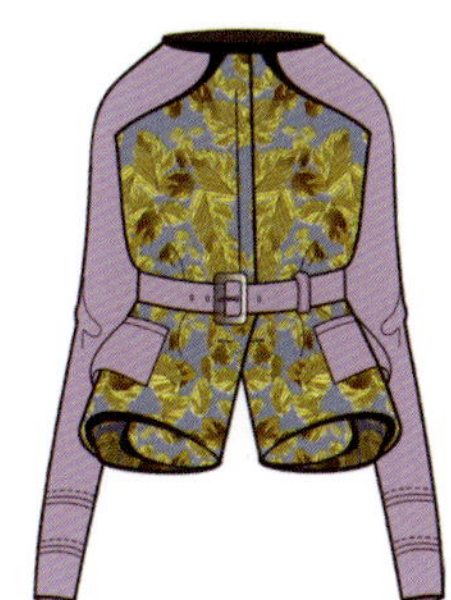
图4-78 插肩袖上衣

## （六）女装主打单品矩阵图

女装主打单品矩阵图，如图4-79、图4-80所示。

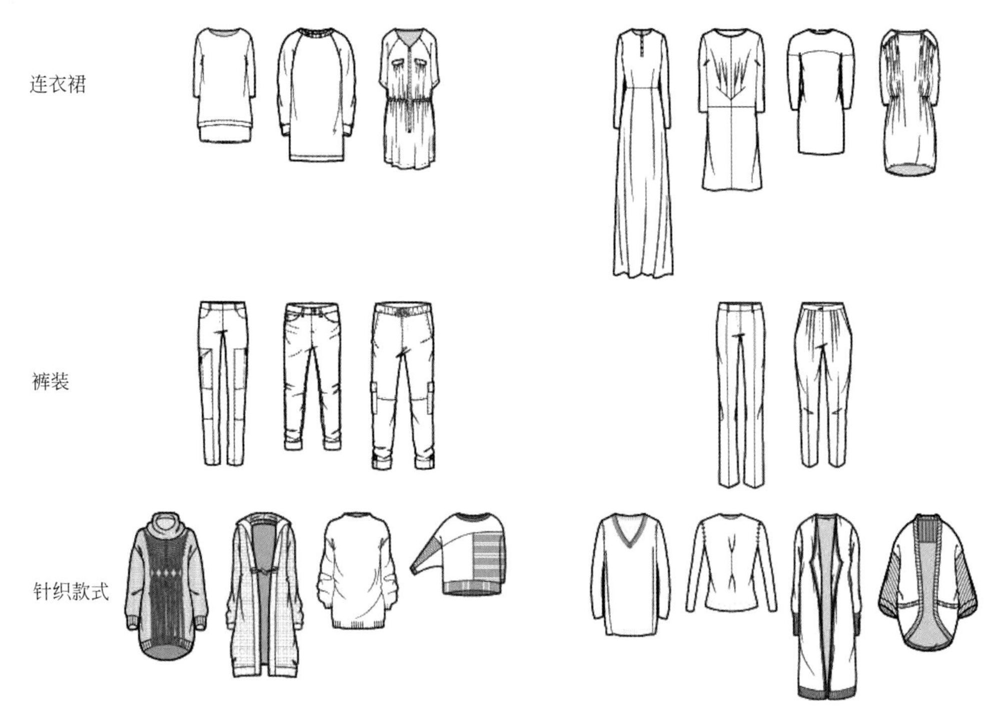


图4-79 女装春夏主打单品矩阵图

图4-80 女装秋冬主打单品矩阵图

## （七）产品编号

要求用最简单的数字或字母反映出产品的属性，便于产品在设计、生产、销售和仓储等环节中的管理。要能反映出品牌－季节－产品类别－面料属性－年份－系列－品种－色号等产品属性，使有关人员一看编号就能知道产品的大概情况。一般不同品牌会有自己独特的编号命名方式，没有统一的规定，如图4-81所示。

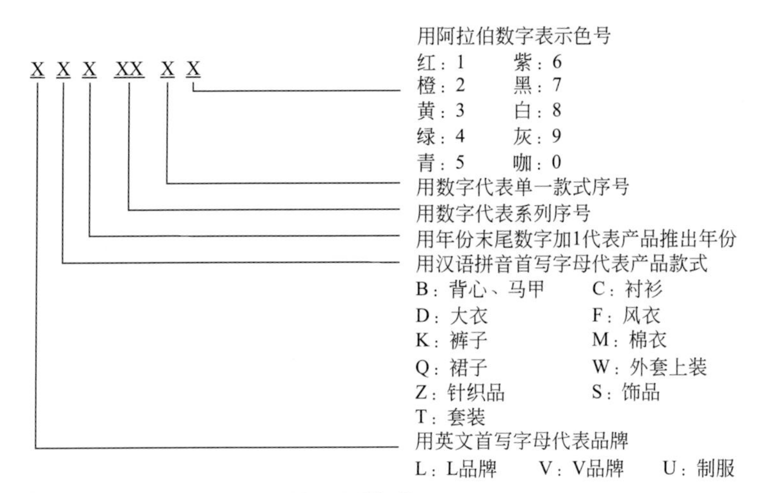


【例】MQ6225：M品牌裙子2015年第22系列第5款
QZ2134：Q品牌针织品2001年第13系列第4款
LK2076-1：L品牌裤子2001年第7系列第6款红色
在色号后面加“N”表示男装款式。

图4–81　产品编号实例

# 第二节　品牌营销策略

美国加州的新奇士果农公司总裁拉塞尔·汉林认为：“橘子就是橘子，它只可能是橘子，除非那只橘子贴上80%的消费者都知道并且信赖的新奇士品牌标签。”产品很容易被竞争对手所模仿、复制，而消费者对品牌的情感、态度、信念等却能根植于心中，是竞争对手没法替代的。这就是品牌的价值。

## 一、服装品牌营销的概念及特征

### （一）品牌的定义

品牌一词来源于英语单词“brand”，意思是打上烙印，原意是指中世纪烙在马、羊身上的烙印，用以区分其归属。

美国市场营销学会符号说认为“品牌是一种名称、术语、标记、符号或设计，或是它们的组合运用，其目的是借以辨认某个销售者或某群销售者的产品或服务，并使之同竞争对手的产品和服务区别开来。”

品牌包括品牌名称和品牌标识两个部分。品牌的名称，是品牌中可用口语称呼的一部分，用于经营者及其产品的商业宣传活动，如迪奥、香奈儿等。品牌标记是品牌可记认但无法用口语称呼的一部分，它包括符号、图案、独特的色彩或字体。商标，是经有关政府机关注册登记受法律保护的整个品牌或该品牌的某一部分，如图4-82～图4-85所示。

ISSEY MIYAKE

图4-82 三宅一生标识

图4-83 Louis Vuitton标识

Dior

ChristianDior

图4-84 Dior标识

图4-85 Versace标识

## （二）服装品牌

狭义上指的是服装商标，是区别服装商品归属的、经过工商登记注册的商业性标志。它是一个具有认知意义而非物质状态的产品符号。

广义上指的是以服装产品为载体的品牌形式，其运作方式必须符合服装产品的特点。

## （三）品牌的特征

### 1.品牌的专有性

品牌是服装企业特有的，是消费者用来识别生产者或者销售者。不同品牌的产品代表不同的品质、内涵和商品价值。品牌具有排他性。品牌拥有者应通过商标注册来保护自己的品牌，避免被仿制，充分享有品牌的专有权。

### 2.品牌是企业的无形资产

品牌的这种五星资产也叫品牌资产（brand equity），是附加在产品和服务上的价值，这种价值可能反映在消费者如何思考、感受某一品牌并做出购买行动，以及该品牌对公司的价值、市场份额和盈利能力的影响。品牌拥有者可以利用品牌资产的无形性不断获取利益，扩大产品线，增加产品项目，开拓新市场，增加品牌的竞争力。

### 3.品牌转化具有一定的风险及不确定性

由于服装市场上品牌众多，加之服装市场的流行性等特征的影响，使得服装品牌在其成长过程中具有一定的风险性。在成长过程中，可能由于品牌策略得当快速发展长大，扩大品牌线，增加产品项目，也可能在品牌发展过程中，没有正确分析市场，作出错误判断和决策，造成产品线缩短，甚至在竞争中惨败，退出竞争市场，具有极大的不确定性。

### 4.品牌的表象性

服装品牌是企业的无形资产，具有品牌价值，品牌本身是无形的，不具有独立的实体。品牌是通过品牌名称和品牌标识让人们记住其代表的企业和产品，从这个方面来说，品牌必须通过一定的产品来表现自己，通过产品来塑造品牌形象，使品牌具体化、形式化。品牌的直接载体主要是文字、图案和符号，间接载体主要有产品的质量、产品服务、知名度、美誉度、市场占有率。

### 5.品牌的扩张性

优秀的品牌产品让消费者信赖并最终形成品牌忠诚。企业可以利用品牌价值开拓市场，扩大产品线，也可以对产品线进行延展，加大品牌的知名度，增加品牌价值，形成良性循环。

## （四）品牌形象

品牌形象是指体现品牌总体面貌的完整的架构，如图4-86所示。

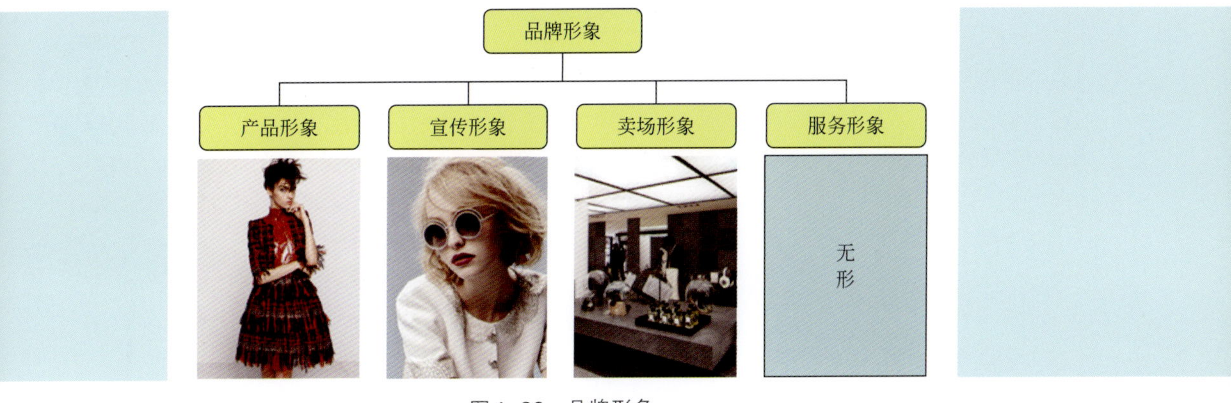


图4-86　品牌形象

## 二、服装品牌策略

服装品牌策略是服装企业根据其产品的市场销售状况和消费者的认知度，合理有效地运用品牌策略，以达到设立品牌的营销目的。品牌的策略见图4-87所示。

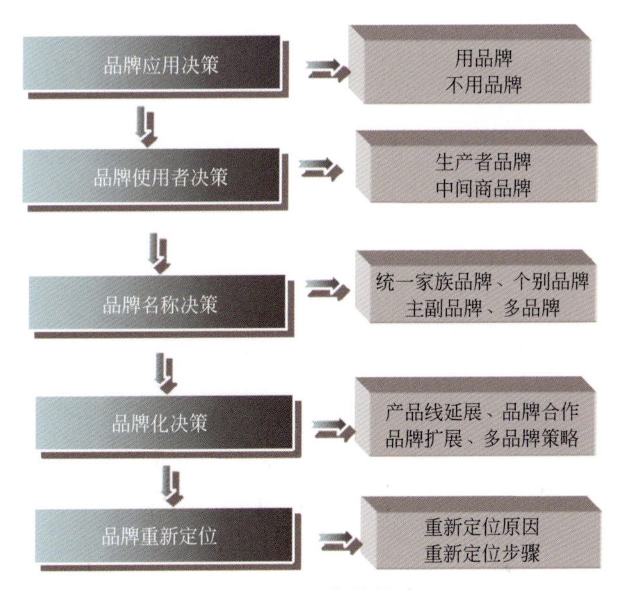


图4-87　品牌的策略

### （一）品牌应用决策

品牌运营的第一个环节就是讨论企业是否要给产品建立一个品牌。服装企业品牌化的好处是通过品牌保护，有利于企业的订单处理和对产品的跟踪，能够保护产品的某些独特特征，避免被模仿。通过品牌推广，让消费者熟悉品牌产品，形成品牌忠诚，增加品牌价值，树立产品和企业形象。当然，服装企业在培植自己的品牌的过程中必然要付出相应的费用，包括品牌标识设计、品牌推广、注册等各种费用。当品牌定位不准确，产品不受消费者欢迎时，企业还面临倒闭的风险，所以服装品牌成衣设计团队要首先考虑要不要建立自己的品牌，作出品牌应用决策。

### （二）品牌使用者决策

品牌使用者决策又称品牌归属决策，是指厂商在决定给其产品规定品牌之后，下一步需要决定如何使用该品牌。是决定用本企业（制造商本身）的牌号，还是用经销商的牌号，或者是一部分产品用本企业的牌号，另一部分产品用经销商的牌号。即决定使用制造商的，或是销售商的，或是部分使用经销商，其余使用制造商的品牌。一般来说，品牌在消费者心中代表一种信用，对于企业来说，选择什么品牌完成取决于市场中消费者的倾向，达到最有利的促销目的。

### （三）品牌名称决策

服装企业会有不同的产品线和产品类别，这些产品在命名时，通常会采用以下几种策略。

#### 1.统一品牌策略

即企业生产的所有产品采用统一的品牌。使用这种策略的好处是当企业推出新品时，可以节省品牌的设计费、广告费，同时众多产品线的推出也能向消费者证明企业的实力，提升企业的品牌形象。当已有品牌在市场上有良好的形象和口碑时，有利于新产品顺利进入；在同一品牌下，各种产品能互相影响，扩大销售。使用这种策略的缺点是任何一种产品的失败会使其他产品或企业受到影响，同时可能会使高端产品线和低端产品线相混淆，令消费者感到迷茫，要严格把控产品质量。

#### 2.个别品牌策略

与统一品牌策略完全不同，个别品牌策略对企业生产的每种产品采用不同的品牌名称。这种策略的一个主要好处是不会因为个别产品的失败而影响企业的声誉和其他产品的销售。另外，企业通过对各产品品牌进行个别定位，满足消费者的需求，从而获得不同的细分市场。但缺点是企业的资源投入分散，广告费用、促销费用高，且要求企业具有较强的品牌管理能力和强大的资金支持。

#### 3.主副品牌策略

服装企业为避免统一品牌带来的“株连效应”，采用主副品牌策略，即在主品牌不变的前提下为新品牌增加副品牌。例如法国服装品牌艾格，其在我国市场上就运用主副品牌策略。在主品牌艾格的基础上建立了艾格周末、艾格运动等副品牌。这种策略的优点是副品牌可以充分利用主品牌的影响力和品牌资源，借助主品牌的品牌影响力迅速为目标顾客熟悉，尽快开拓市场；同时，通过副品牌为产品传递一个新的推广概念和个性形象。随着品牌知名度的提高和企业规模实力的增强，国内越来越多的服装品牌也尝试着通过主副品牌策略实现品牌延伸。

### （四）品牌化决策

#### 1.产品线扩展策略

产品线扩展策略是指服装企业增加产品线，沿用以前的品牌，其产品往往都是对现有产品的局部改进，如增加新的功能、包装、式样和风格，等等。这样做的好处是产品线扩展产品的存活率高于新产品，而通常新产品的失败率在80% ~ 90%，提高了企业开发新产品的成功率。同时，通过产品线的扩展，满足不同细分市场的需求，增加企业的知名度，扩大了品牌影响力。完整的产品线可以防御竞争者的袭击。其缺点是可能使品牌名称丧失它特定的意义。

#### 2.多品牌策略

多品牌策略是指企业在相同产品类别中引进多个品牌的策略。其优点是能够培植细分市场的需要，满足不同需求的消费者。多个品牌能使企业有机会最大限度地覆盖市场。其局限性是对多品牌的宣传，分享了企业有限的广告费用，增加了企业管理的难度，同时也使得竞争者反抗增加。例如欧莱雅集团将这种全方位的品牌结构称为“金字塔式战略”，即按照价格，欧莱雅在中国从塔底到塔尖都有对应的品牌：在塔底的大众消费领域，集团拥有巴黎欧莱雅、美宝莲、卡尼尔与小护士；在塔中，集团推出了薇姿、理肤泉等保健化妆品牌；在塔尖的高档品牌中，集团旗下的兰蔻、碧欧泉、羽西与赫莲娜占据了一席之地。

3.新品牌策略

为新产品设计新品牌的策略称为新品牌策略。当企业在推出一个新产品时，可能发现原有的品牌名不适合于它，或是对新产品来说有更好、更合适的品牌名称，企业需要设计新品牌。

4.合作品牌策略

合作品牌策略也称为双重品牌，是指两个或更多的品牌在一个产品上联合起来，每个品牌都期望另一个品牌能强化整体的形象或购买意愿。

### （五）品牌重新定位

1.品牌重新定位原因

① 原有的定位不准确。
② 原有的定位的局限性。
③ 竞争优势丧失。
④ 消费者偏好和需求发生变化。
⑤ 进入新的细分市场。

2.品牌重新定位步骤

① 确定创新定位原因。
② 进行市场调研。
③ 确定新的目标和市场细分。
④ 确定定位策略。
⑤ 传播新定位。

## 三、服装品牌营销策略

### （一）差异化营销

品牌市场定位的实质就是差异化，服装品牌差异化营销策略是指服装品牌在建设过程中，要重点强调自己与其他服装品牌的差异化，并且传递这种差异化，让目标消费者认识自己的差异化，并记住品牌。随着经济的发展，消费者在服装的需求上更加追求与众不同，每个消费者都存在个性需求、差异化需求，因此品牌成衣设计开发团队应该在了解消费者的前提下进行服装品牌的创建和营销。作为服装品牌的经营者应对消费者群体进行调查，了解他们的现实需求和潜在需求，并对购买过自己品牌的消费者的资料进行管理。定期对这些消费者进行调研，了解其对服装的差异化需求。差异化策略可以体现在服装产品、销售渠道、促销方式等方面。服装产品的差异化可以体现在产品的设计风格、面料选择、细节轮廓等方面，销售渠道上的差异化可以体现在销售方式、售后服务等方面。促销方式的差异化，可以表现广告表现、公共关系维护、实行会员制，以实现顾客忠诚。例如诺奇品牌，这个品牌实行“会员制模式”，该品牌会把会员资料整理出数据库，从数据库可以查找会员的身高、风格等资料，并对其进行分析，形成商品需求报告，同时为这些会员提供个性化服务。

（二）营销渠道创新

伴随着服装市场的快速发展，消费者的审美观、消费者的个性化需求越来越强烈，个性化定制已经成为服装品牌亟待开发的创新型营销渠道。依托现代科学技术和信息技术的发展，虚拟服装设计应运而生。企业目标顾客只要上传自己体形的必要数据，网站就可计算得出顾客的形体特征，提供相关款式，顾客就能在自己的终端看到服装穿着效果，任意选择最适合、最满意的服装，还可以根据自己的特点设计服装款式，挑选面料颜色和质感，最终实现个性化定制。

同时，信息技术的发展，使得网络销售成为各服装品牌继传统店铺销售之后，又一大重要的销售渠道，并且这种新型的营销渠道正在发挥着越来越重要的作用。电子营销不仅能实现网上直接销售的目的，而且会促进网下销售的增加。通过网络营销的方式，完全可以以更低的费用、更快的速度占领更多的市场。相对于传统营销，网络营销具有国际化、信息化和无纸化的特点，已经成为各国市场营销发展的趋势。

（三）服务文化战略

生活水平的提高，经济实力的增强，使得消费者购买服装已经不是一种单纯的购买行为，而是一种精神上、情感上的享受。消费者在购买服装的同时，不单是付出了金钱成本，还付出了时间成本、体力成本和精神成本。科特勒认为顾客在购买产品时获得的利益由四部分构成，包括产品价值、服务价值、人员价值和形象价值。因此，他们在购买服装的同时也在消费着品牌的风格理念，品牌的服务文化，消费着品牌提供的时尚资讯，消费着品牌文化。消费者在判断顾客感知价值时，是通过付出成本和感知利益之间的比较而得来的，往往消费者在购买服装的过程中，更在意自己的购物过程和购物的环境、服务员的服务水平、品牌传递的理念等。因此，如何培养品牌的服务文化，使他们在购买的过程中享受生活是服装品牌营销策略应该重点把握的精神。为此，通过研究顾客的消费心理，把握消费行为。并用鲜明的创新风格和消费者能领悟到的全新营销理念，让消费者体味品牌的个性文化并向其提供有价值的产品，已成为品牌服装决胜市场的关键。对此，各个服装品牌应该针对不同的消费群体提供不同的服务，比如对于老年人而言可以在经营点设置休闲服务区，以供他们在购买服装的时候休息；对于青少年而言，可以让他们把握最新的时代潮流等。通过品牌的服务价值，把握潜在的消费群体，提升品牌形象，加速产品价值的实现。例如国外有个$50^{+}$超市，其目标顾客为50岁以上的老年人，为此，超市在购物环境上煞费苦心，宽阔的货架通道、到处安放的座椅、随手可取的老花镜等，深受老年人的喜爱。

## 第三节　著名服装品牌香奈儿简介

### 一、品牌介绍

中文名称香奈儿，英文名称为CHANEL，品牌发源地是法国，品牌创始人为Coco Chanel（加布里埃·可可·香奈儿）。品牌产品种类繁多，有服装、珠宝饰品及其配件、化妆品、护肤品、香水等，每一类产品都闻名遐迩，特别是香水与时装。香奈儿（CHANEL）是一个有着整整百年历史的著名品牌，其时装设计永远保持高雅、简洁、精美的风格，如图4-88所示。

图4-88　CHANEL品牌

## 二、品牌历史

香奈儿创办人可可·香奈儿生于1883年，是一对法国贫穷的未婚夫妇的第二个孩子。她的父亲是来自塞文山的杂货小贩，母亲是奥弗涅山区的牧家女。1910年，香奈儿在巴黎开设了一家女装帽子店，凭着非凡的针线技巧，缝制出款式简洁耐看的帽子。步入20世纪20年代，CHANEL设计了不少创新的款式，如针织水手裙（tricot sailor dress）、黑色迷你裙（little black dress）、樽领套衣等。而且，香奈儿从男装上取得灵感，为女装多增添了一点男儿味道，一改当年女装过分艳丽的绮靡风尚。例如，将西装褛（blazer）加入女装系列中，又推出女装裤子。不要忘记，在20年代女性只会穿裙子的。香奈儿这一连串的创作为现代时装史带来重大革命。香奈儿对时装美学的独特见解和难得一见的才华，使她结交了不少诗人、画家和知识分子。她的朋友中就有抽象画派大师毕加索（Picasso）、法国诗人导演尚·高克多（Jean Cocteau），等等。一时风流儒雅，正是法国时装和艺术发展的黄金时期。1914年香奈儿开设了两家时装店，影响后世深远的时装品牌CHANEL宣告正式诞生。香奈儿（CHANEL）在1922年推出著名的CHANEL No.5香水，史上第一瓶以设计师命名的香水，现在依然是重点推介产品。在可可·香奈儿1971年去世后，德国名设计师卡尔·拉格菲尔德（Karl Lagerfeld）成为香奈儿（CHANEL）品牌的灵魂人物，自1983年起，一直担任香奈儿（CHANEL）的总设计师，将香奈儿（CHANEL）时装推向另一个高峰。

## 三、品牌理念

香奈儿品牌走高端路线，时尚简约、简单舒适、纯正风范、婉约大方、青春靓丽。“流行稍纵即逝，风格永存”，依然是品牌背后的指导力量；“华丽的反面不是贫穷，而是庸俗”。香奈儿女士主导的香奈儿品牌最特别之处在于实用的华丽，香奈儿从生活周围撷取灵感，尤其是爱情，不像其他设计师要求别人配合他们的设计。CHANEL品牌提供了具有解放意义的自由和选择，将服装设计从以男性观点为主的潮流转变成表现女性美感的自主舞台，将女性本质的需求转化为香奈儿品牌的内涵。

## 四、品牌识别

### （一）双C

在CHANEL服装的扣子或皮件的扣环上，都可以很容易地就发现将Coco Chanel的双C交叠而设计出来的标志，这是让CHANEL迷们为之疯狂的“精神象征”，如图4-89、图4-90所示。

图4-89　CHANEL品牌标识

图4-90　CHANEL产品上的品牌标识

（二）山茶花

对于全世界而言，山茶花已成为“CHANEL王国”的“国花”。无论是春夏或者是秋冬，它除了被设计成各种材质的山茶花饰品之外，更经常被运用在服装的布料团图案上，如图4-91、图4-92所示。

图4-91　CHANEL服装上的山茶花

图4-92　CHANEL经典山茶花

（三）菱形格纹

从第一代CHANEL皮件越来越受到喜爱后，其立体的菱形车格文也逐渐成为CHANEL的标志之一，不断被运用在CHANEL新款的服装和皮件上，后来甚至被运用到手表的设计上，如图4-93、图4-94所示。

图4-93　CHANEL皮具制作中的菱形格纹

图4-94　CHANEL靴子上的菱形格纹

## 五、品牌设计师

设计师及其作品如图4-95 ~图4-97所示。

图4-95　可可・香奈儿

图4-96　卡尔・拉格菲尔德

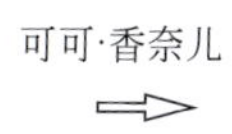


卡尔·拉格菲尔德

图4-97　两任设计师作品

## 六、香奈儿产品展示

香奈儿产品展示，如图4-98所示。

图4-98　CHANEL产品发布

## 七、香奈儿饰品

香奈儿饰品如图4-99、图4-100所示。

图4-99　香奈儿箱包

图4-100　饰品与靴鞋

## 八、明星款香奈儿礼服

香奈儿品牌为Lady gaga设计的礼服，如图4-101、图4-102所示。

图4-101　礼服效果图

图4-102　Lady gaga穿着CHANEL礼服

## 九、香奈儿橱窗

香奈儿橱窗，如图4-103、图4-104所示。

图4-103　CHANEL橱窗全景图

图4-104　CHANEL橱窗细节

## 十、店面规划图

店面规划图，如图4-105所示。

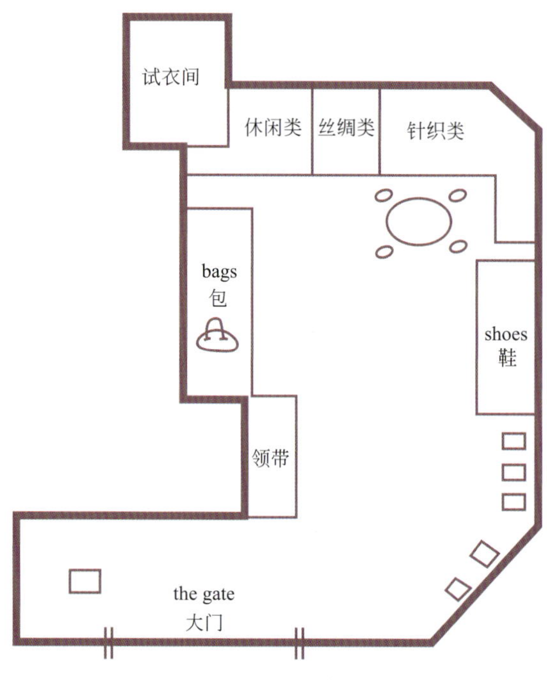


图4-105　CHANEL店面规划图

## 十一、店内陈列

店内陈列，如图4-106、图4-107所示。

图4-106　CHANEL饰品陈列

图4-107　CHANEL店面整体陈列

## 十二、发布会现场

发布会现场，如图4-108所示。

图4-108　CHANEL发布会现场

## 十三、产品结构

产品结构，如图4-109所示。

<table>
<tr><td>服饰品材料</td><td>服装：真丝，羊毛，棉，化纤<br>鞋：全羊皮，皮与化纤结合设计<br>眼镜：树脂，水晶，珍珠<br>包：全皮，化纤，金属，塑料，珍珠，水晶<br>腰带：金属，塑料<br>首饰：金属，珍珠，水晶，塑料</td></tr>
<tr><td>服饰品色彩</td><td>服装：黑白，卡其色，奶油色，粉红色<br>鞋：黑白，卡其色，烟灰色，粉红色，棕色<br>包：黑色，白色，粉红色，土黄色<br>眼镜：蓝，红，幻彩，茶色，深棕</td></tr>
</table>

图4-109　CHANEL产品结构

# 第五章

# 创意服装设计

第一节 创意服装设计的概述

第二节 创意服装设计的实践过程

第三节 创意服装设计的构思方法

# 第一节　创意服装设计的概述

## 一、创意服装设计的概念

创意是创造意识的简称，它是指对现实存在事物的理解以及认知所衍生出的一种新的抽象思维和行为潜能。创意是对传统的叛逆，是打破常规的哲学，是破旧立新的创造与毁灭的循环，是思维碰撞、智慧对接，是具有新颖性和创造性的想法，不同于寻常的解决方法。因此，我们可以将创意理解为是一种意识，一种意念，一种前所未有的、超束缚性、突破传统的思维模式。

创意服装是具有原创性、概念性、艺术性、试验性、标新立异的服装。创意服装设计不以穿着为目的，而是以服装为媒介的艺术活动。创意服装包括试验性的服装、博物馆收藏的具有典型时代意义的服装等。设计师可以将生活中得来的诸多表象素材作为材料，围绕一定的主题倾向展开艺术思维，从而获得最初的艺术意向。当最佳想法从诸多想法中脱颖而出的时候，对这一最佳想法从产生到付诸实践的过程就是服装创意设计。

创意运用于服装设计中，就是设计师发挥创造力和想象力，打破习惯性思维，挣脱传统观念的束缚，用创新的思想和独特的视角去设想方案，以个性化的构思建起与众不同的形式和内容，开拓崭新的穿着形式。设计师在自己的作品的创意和风格上，应该充分地表现出自己的个性，如图5-1所示。

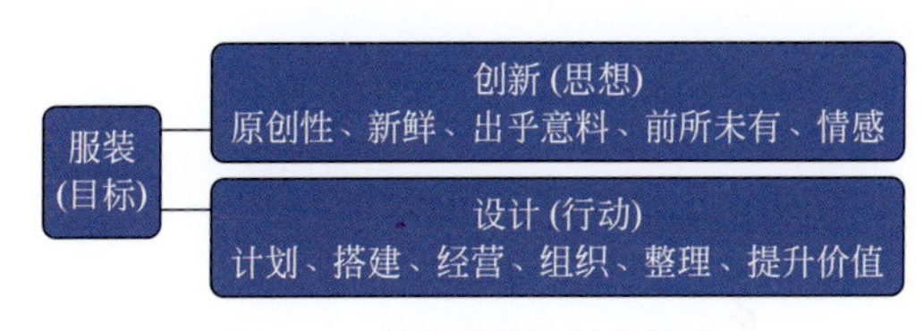


图5-1　创意服装设计的概念

## 二、 创新服装设计的意义

创意服装设计是为了追求一种新的服装形式或新的着装观念。成功的创意服装，从使用功能上看，虽然不能直接服务于日常的现实生活，但能让人们在欣赏的过程中，接收到许多新观念、新思维和新形式。这些信息，既可以起到更新人们的审美观念、提高审美能力的作用，同时，这些作品一旦获得社会、观众的普遍接受，就会产生新的流行导向，带动和促进商业化服装产品的生产和销售，从而获得可观的社会效益和经济效益，对促进服装设计的推陈出新带来好处。

## 三、创意服装设计的特征

创意服装设计一般具有艺术审美性、独特原创性、超前引导性等三个特征。

### （一）艺术审美性

创意服装的艺术审美性，是指服装作品中所包含的可欣赏性因素。创意服装与国际流行趋势、文化倾向和艺术流派有着较为密切的联系，且常常预示着服装流行的方向，创意服装的这种特征决定了其设计的超前性和时尚性。因此，创意服装的造型往往带有较强的艺术审美价值和艺术感召力。

这一方面需要设计师用合理的表现形式去构建作品的情景或者趣味，以达到吸引和感染观众的目的；另一方面，又要求设计师需要站在更高的层面，与普通欣赏者的审美经验拉开距离，去表达自己独特的审美理想，唤起和提升普通欣赏者的审美欲求和审美层次。

（二）独特原创性

创意服装设计作为一项带有浓郁艺术性的工作，讲究原创性是其基本要求，也是体现其价值的根本因素。服装作品中的创新内容较为宽泛，包括造型中的新形态、新结构，穿着形式中的新搭配、新方法，材料中的新处理、新组合，色彩中的新效果、新变化等可以直观感受的外在内容，也包含在服装新形势中体现出来的新思想、新观念、新主张和新思路。

（三）超前引导性

创意服装常常代表着某一时段内服装文化潮流和服装造型的整体倾向，预示着更新的服装流行趋势。通过这些设计作品，不仅能充分表达出设计师的审美意识，在审美情趣上为人们带来艺术享受，还能在着装观念上给予人们新的启示，在生活方式上为人们提供新的选择，起到一种引导国际服装市场和人们的穿着方式的作用，因此具有超前引导性。

## 四、创意服装设计的分类

创意服装的设计根据引发创作的不同，可以分为偶发型设计和目标型设计两种。偶发型设计，是指设计师之前并没有确定的想法，而是受到某种事物的启发，突发灵感而进行的设计创作；目标型设计，是指设计师之前已经制定出明确的目标和方向的设计。

# 第二节　创意服装设计的实践过程

无论是目标型还是偶发型的创意设计，一般都要经过创作过程。下面我们就针对其中主要流程进行分析说明，如图5-2所示。

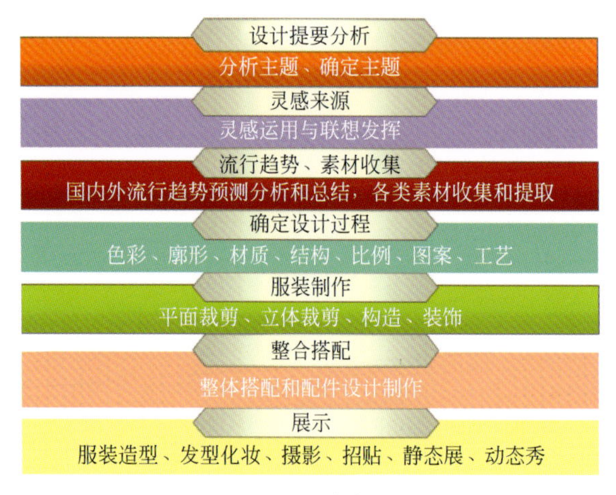


图5-2　设计流程图

## 一、设计提要分析

对于偶发型设计来讲，设计的开展是受到某一事物的启发而产生的一时创作冲动，因此，设计之初并不存在确定方向的问题，可以任凭主观的表现愿望或表现内容去发展完成设计，但依然要明确最终设计的风格、想要表达的设计理念等关键性问题。

对于目标型设计而言，事先都会有一个明确的设计目标，如某服装设计大赛的征稿通知、某活动需要的服装设计等。设计师在开始工作之前，首先要确定设计项目的要求，如设计的目的、设计的类型、设计的季节、设计的数量、面料的选择、设计完成的时间、设计效果图以及一些特殊要求等，这对能否完成设计任务非常重要。

通常此类的设计目标会比较宽泛，往往只有一个大体的指向和限度，这一方面可以充分发挥设计的想象力，但同时也因为设计内容相当缺乏，而造成设计思路的混乱无序，难以集中精力搞好创作。这就要求设计师对设计目标进行分析和研究，迅速识别和排除干扰因素，以达到缩小或划分为具体的设计范围的目的，从而使自己的创作思维变得更加清晰和明确。

## 二、灵感运用与联想发挥

灵感是一种无法自控、突发性的高度创造力的表现。寻找灵感，获取灵感是服装设计中发挥创造思维的一个重要过程。当然，这种看似突如其来的灵感，不是偶然孤立的，是设计师在这个领域长期的知识信息积累，是不断思考和勇于实践的结果。灵感的出现是思维过程必然性与偶然性的统一，是智力达到一个新层次的标志。

下面介绍一些灵感来源的实例，如图5-3～图5-11所示。

图5-3　海洋深处主题灵感

**【灵感来源】**地球上的海洋环境正面临着日益严重的问题，这使我们不得不将目光对准海洋，希望能从幽暗的大海深处获得更深层次的灵感。当澳大利亚的大堡礁渐渐扩大海底裂痕，仿佛新一代的人形海怪会悄悄游向我们生活的岸边，这种感觉真奇妙。在受到这样的惊吓的同时，我们也好奇那巨大的海底世界到底是什么样的，意识到从前的认知是那么渺小。对于生活在海洋深处的生物，我们感到尊重且遗憾，因为我们正在慢慢地侵蚀它们。但也希望，通过我们的关注，能够帮助维持它们目前的生存状态，让那个巨大的海底家园能够运转正常，继续生存。

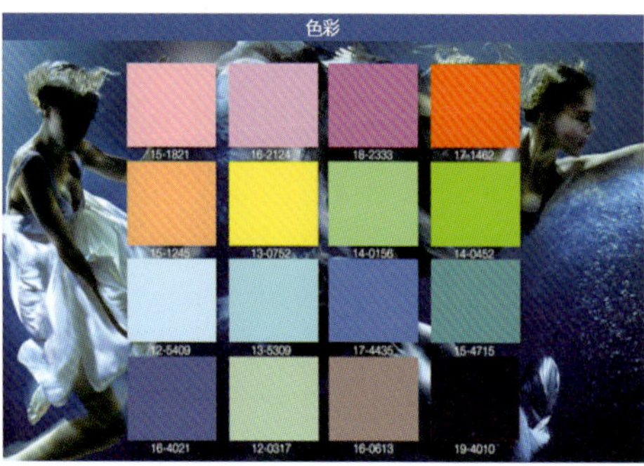


图5-4　色彩灵感

**【灵感来源】**在大海的深处，成千上万的鱼群游过，形成一道道霓虹般的彩虹。生物进化在这里发挥着奇妙的作用，每一条鱼都有不同的颜色和图案。这样纯净无瑕的环境里，几乎所有的颜色都像是人工加工过似的，那么地艳丽完美。紫红色、绿松石色、橄榄绿色，以及祖母绿色的鱼鳞在水中闪闪发光，折射出大海深处的光芒。暗淡色调的珊瑚，如芥末色、青苔绿色，以及烟叶色，等等，形成了海底的巨大背景，以衬托出面前游来游去的各种生物的明亮色调。

图5-5　廓形灵感

**【灵感来源】**在希腊神话中，海上女妖莎琳用美妙的歌声吸引夜晚航行的航海者，使其不顾一切地穿过月光下的海浪，一步步走向陷阱。在银色的月光和闪闪的鱼鳞的反射下，完全非传统的衣服轮廓和面料出现了两面性，从一个角度看，显得非常柔和，而从另一个角度看，却显得僵硬。等待着水手的拥抱让它们暂时感到惬意，然后紧接着的却是不断变幻的款式轮廓将它们紧紧地缠绕起来，永远沉没在深邃的大海里。

## 章鱼

图5-6　面料灵感

**【灵感来源】**在海底的蓝色洞穴里居住着八爪章鱼。白天的时候，它能将所有一臂之内的其他生物都围困起来吃掉，而在太阳下山之后，海洋里的光亮只存留在海面上，偶尔少许折射到海底深处，它就可以存储能量了。仿佛丝绸一般光滑的表面可以让它在水中快速移动，还能根据环境改变自身的图案，和周围的珊瑚礁融为一体，让自己得到保护。

## 深邃

图5-7　设计灵感

**【灵感来源】**透过层层水面的光线越来越弱，直到完全消逝，在海洋深处留存着对于光线的记忆。在这个黑暗的世界里，生命依然生生不息。即使是没有光线，也依然有色彩存在。即使是鱼鳞上折射的一抹微弱的银色，也能照射到周遭浓艳色彩的瞬间美丽，然后我们又再次深陷于宁静、黑暗、深深的海洋世界。只有探索才能让我们看到如此美妙的世界。

图5-8　职业装设计主题：黑客入侵

【设计说明】受第一次世界大战西装式剪裁军装的灵感启发，设计师们创新利用各种款式的拼接为职业风格女装增添了女性化美感和现代感。新款女士职业装的风格非常简约，传统的军队色彩和面料是必备元素，而修身的剪裁、比例设计、各种细节和纹理是款式的焦点。军装风格的色彩相结合，为职业女装打造出非常经典的色彩设计。蘑菇色、石板色和象牙色是重点底色色彩，亮白色、燧石蓝色和深蓝色是重点提亮色彩。

图5-9　休闲装设计主题：金属帝国

【设计说明】金属帝国主题女士休闲装系列将旧时学院风格魅力同街头风格款式相结合，其设计灵感来源于瑞典嘻哈音乐家Neneh Cherry的都市风做派和个人风格。经典的学院风设计和学院风服装上添加亮片以及金属光泽等装饰，使原本柔美的休闲装多了一份假小子的硬朗气质。带有金属光泽的浅色系色彩和古旧的金色是主宰，同时在融入板岩色、棕色和学院风色彩的时候，将独特的魅惑气质融入整个休闲装系列中。

图5-10　正装设计主题：21世纪浪漫

**【设计说明】**以“21世纪浪漫”为主题的正装的设计极具简约美感和建筑主义风格西装式剪裁细节，其灵感来自20世纪90年代末尼古拉·盖斯奇埃尔（Nicolas Ghesquière）创造的巴伦西亚（Balenciaga）的传奇。受设计师克里斯托巴尔·巴伦西亚（Cristóbal Balenciaga）的质朴、简约、美感的启发，腰部和肩部的弧形设计让款式更具女性柔美感，不仅如此，高领口设计为整体轮廓拉长了线条。精缩羊绒呢、双重绉纱和棉质面料相结合打造出立体感款型。建筑风格的缝褶、线条明朗的褶皱和棱角分明的凹口翻领为款式打造出抢眼效果和强势感。象牙色和深蓝色是简约、稳重色彩的重点。燧石蓝色是重点冬季系列的重点色彩设计。繁复印花上的些许经典红色应用让整体色彩更为明亮。

图5-11　礼服设计主题：女王驾到

【设计说明】本系列款式带有黑暗感和历史韵味，具有历史感的轮廓设计成为华丽且精美印花的画布，该种印花的设计灵感来自巴洛克和哥特式风格图案，常与带有宗教元素的印花图案相搭配。创新利用装饰性工艺——从丝绒、刺绣网眼和印花到厚重感棉质天鹅绒、高度光泽感皮革和织锦——为款式打造出超工艺美感。它们与精美的轻盈质地薄纱和白色印花形成鲜明的对比。红杉色、大地色和炭黑色是亚光、光泽感和彩色面料的主宰色彩设计，它们相互结合打造出饱满而浓郁的层次感配色。帆布色、鼠尾草色和古金色让整个主题明亮起来，为其增添了些许奢华感和壮丽感。

## 三、流行趋势分析与运用

素材的收集只是设计工作的第一步，如何赋予它们新的含义和流行感，才是创意设计的意义所在。这就需要我们对当前的流行趋势进行研究和掌握。服装的流行趋势主要是指有关的国际和国内最新的流行导向和趋势。流行趋势可以来自市场、发布会、展览会、流行资讯机构、专业的期刊以及互联网等。信息包括最新的设计师作品发布、大量的布料信息、流行色、销售市场信息、科技成果、消费者的消费意识、文化动态及艺术流派等。流行趋势不断受到经济、社会、政治、文化等变革的影响，它为设计师提供了基本的设计方向。

进行流行趋势研究时，要留意资料中有关廓形、比例和服装穿着方式的图片信息，寻找造型和服装组合的灵感，将关键要点做笔记；从资料中收集关键词，这能为服装的款式、细部、织物和装饰设计提供更多的灵感；分析趋向性的时装发布，使自己的设计理念与流行同步；研究最受欢迎的设计师当季和过季的发布作品，思考是什么让这些服装那么流行。所有的这些工作在设计中起到重要的参考和借鉴作用，如图5-12 ~图5-14所示。

趋势演绎

在过去几季中，“未来主义派”一直是非常流行的女装主题：迄今为止，该主题也成为未来春夏女装最为商业化的主题。建筑风格的镂空和金属色色彩依然是该主题必不可少的一部分，铸模廓形和不对称廓形的流行态势也达到巅峰状态。

图5-12　主题介绍

图5-13　趋势贴板

图5-14　面料与色彩

## 四、素材收集与整理

实践证明，无论是偶发型设计还是目标型设计，都需要在设计之前收集相关的设计素材。对于偶发型设计而言，最初的设计冲动可能来自不经意间的发现，或者突然间的想法，然而真正进入设计创作阶段后，仍需要寻找大量有关的设计素材作为补充，才能设计好作品。对于目标型设计，因为有既定的设计方向，收集与之有关的素材资料更是不可或缺的，这是获得设计构思的诱发和启迪的必要手段。

素材的收集可以从以下几个方面入手。

### （一）自然生态

自然界中到处是具体的形象。雄伟壮丽的山川河流、生动美丽的花卉草木、风云变幻的春夏秋冬、凶悍可爱的动物世界等，大自然的美丽景物与色彩，为我们提供了取之不尽、用之不竭的灵感素材，如图5-15所示。

图5-15　自然生态主题设计作品

**【设计说明】**设计师采用动物毛皮印花设计出个性外套。改良设计包括抽象的虎纹图案和经典的豹纹图案，图案采用多彩亮色和拉绒纹理。斑马纹是印花外套的另一种选择图案。

（二）历史文化

历史文化中有许多值得借鉴的地方，我们可以借鉴历史服装的某一元素，与现代的设计手法相结合。古拙浑朴的秦汉时代、绚丽灿烂的盛世大唐、清秀雅趣的宋朝时代、古老神秘的埃及文明、充满人文关怀的文艺复兴时期、华丽纤巧的洛可可风格等，在前人积累的文化遗产和审美情趣中，可以提取精华，使之变成符合现代审美要求的原始素材，这种方法在成功的设计中举不胜举，如图5-16所示。

图5-16　历史文化主题设计作品

**【设计说明】**古老的民间元素，铁锈色、古董金以及砖红色溅泼于印花，为传统民俗图案带来复古感。设计师从传统经典的挂毯画中获取创作灵感，将大范围的花卉印花与带状条纹、拼接元素融合。这种脱颖而出的创作手法为高端市场带来更具波西米亚风格的新颖选择。

### （三）民族文化

世界上每个名族，都有着各自不同的文化背景与民族文化，无论是服装样式、宗教观念、审美观念、文化艺术、风格习惯等均有本民族不同的个性。这些具有代表性的民族特征，都可成为设计师的创作灵感，民族化的创作理念作品历来在设计中备受重视，如图5-17、图5-18所示。

图5-17 民族文化主题设计作品（一）

**【设计说明】**传统青花瓷是该系列印花灵感来源，风格强烈、款式百搭，适用于各品类服饰，包括鞋类、配饰以及首饰。尽管主要作为特殊场合单品，但也是运动风产品的重要设计趋势。

图5-18 民族文化主题设计作品（二）

**【设计说明】**民族风是设计师经常运用的元素，张扬的工艺美术风格花卉让波西米亚风得到了新的演绎。在花卉的色彩和尺寸上做文章，简单而极具视觉冲击力，为青年时尚女装和成熟女装市场的传统印花赋予了现代感。

### （四）文化艺术

各艺术之间有很多触类旁通之处，与建筑、绘画、民间艺术一样，服装也是一种艺术形式。建筑艺术对体量感的追求同样能给设计师带来无限灵感，有很多设计师就是从建筑中汲取灵感的。绘画艺术可以从古典绘画、现代主义绘画和后现代主义绘画中充分汲取创意素材，从而增添服装的魅力和艺术内涵。民间艺术的内容包罗万象，各类民间手工艺品以天然材料为主，选取纸、布、竹、木、石、皮革、金属、面、泥、陶瓷、草柳、棕藤、漆等不同材料制成。

各类文化艺术的素材都会给服装带来新的表现形式，它们在文化艺术的大家庭中是共同发展的。因此，设计师在设计时装时不可避免地会与其他艺术形式融会贯通，从绘画艺术到建筑艺术，从新古典主义到浪漫主义，从立体主义到超现实主义，从达达主义到波普艺术等艺术流派，这些风格迥异的艺术形式，都会给设计师带来无穷的设计灵感，如图5-19、图5-20所示。

图5-19　剪纸艺术主题设计作品

**【灵感与创新】**设计师们从具有高度装饰感的中国剪纸艺术中寻找灵感，推出了一系列传统、别致且华丽的镂空图案。线条分明的几何图案式激光镂空是服饰市场中极具方向性的设计细节。在我们现代创意服装设计中，激光剪裁工艺引发了新的浪潮，它的灵感来自传统的剪纸工艺，运用独特的现代感创意为其打造出耳目一新的感觉。精美的图案和新兴的3D效果设计在创意服装设计中极具影响力。

图5-20　文化艺术主题设计作品

**【灵感与创新】**亨利·马蒂斯的绘画风格中抽象几何构图以精致、复杂的形式丰富了现代女装的色彩和图案。大块的剪纸式色块为服装增添了活力。

### （五）社会动向

服装是社会生活的一面镜子，它的设计及其风貌反映了一定历史时期的社会文化动态。人生活在现实社会环境之中，每一次社会变化、社会变革都会给人们留下深刻的印象。社会文化新思潮、社会运动新动向、体育运动、流行时尚及大型节目、庆典活动等，都会在不同程度上传递一种时尚信息，影响到各个行业以及不同层面的人们，同时为设计师提供着创作的因素。敏感的设计师就会捕捉到这种新思潮、新动向、新观念、新时尚的变化，并推出符合时代运动、时尚流行的服装，如图5-21所示。

图5-21　内衣外穿作品

### （六）科学技术

科技未来新材料和新技术的出现无疑给设计师们带来了勃勃生机。科学技术的进步，带动了开发新型纺织品材料和加工技术的应用，开阔了设计师的思路，也给服装带来了无限的创意空间以及全新的设计理念。

利用新颖的高科技服装面料和加工技术打开新的设计思路。例如，热胀冷缩的面料一面世，设计者将要重新考虑服装的结构；液体缝纫的发明，令设计者对服装造型异想天开；夜光面料（图5-22）、防紫外线纤维、温控纤维、绿色生态的彩棉布、胜似钢板的屏障薄绸等新产品的问世，都给服装设计师带来了更广阔的设计思路。

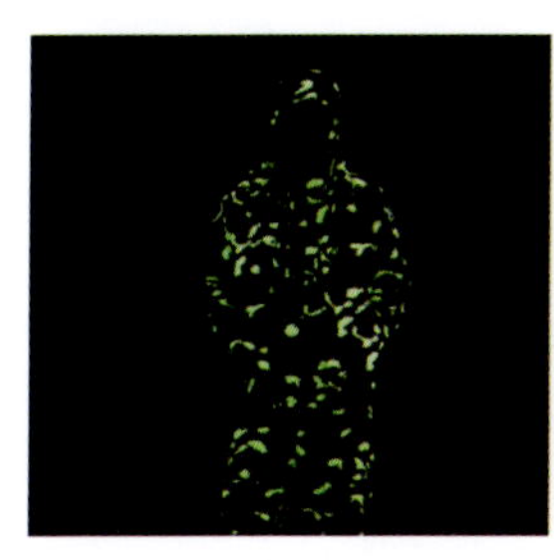

图5-22　新型面料在服饰品中的应用

**【设计说明】**夜光印花让我们曾预测的“解码”趋势都市街头风呈现出全新视角。运用夜光印花凸显局部图案，特别是满地印花，呈现出发光的高科技感外观。

### （七）日常生活

日常生活的内容包罗万象，能够触动灵感神经的东西可谓无处不在。在衣食住行中、在社交礼仪中、在工作过程中、在休闲消遣中，一个装饰物、一块古董面料、一张食物的包装纸、一幅场景、一种姿态都可能有值得利用的地方；一道甜品、一块餐巾或是一束鲜花，都可以引发无尽的创作灵感。设计者只有热爱生活、观察生活，才能及时捕捉到生活周围任何一个灵感的闪光点，进而使之形象化，如图5-23 ~图5-26所示。

图5-23　地形

图5-24　密集褶裥

图5-25　精美的装饰画

图5-26　抽象画

**【设计说明】**大量运用多种多样的日常元素，综合运用各种细节来打造无拘无束的天真烂漫感。将不同方面的灵感运用到服装创意中去。

图5-27　细胞结构外观的蕾丝花边

### （八）微观世界

从新的角度看实物，一个简单的方法就是尝试不同的尺寸比例。一件常见物品的局部被放大后，可能就不再乏味和熟悉了，而变得新颖，成了设计创作的灵感素材。正是这种对素材的深入了解，才能使你的作品有着个人独特的风格，如图5-27所示。

## 五、制作故事板

故事板也称概念板，是以一种比较生动地表达形式、说明设计的总概念，它能帮你对收集到的素材进行选择，将你头脑中模糊的设计理念以清晰的视觉形式体现出来。这是整理思路和图像的第一步，它有助于设计师缩小范围，拓展理念。一旦重要的想法理顺，有了清楚的思路，设计就会变得简单多了。

制作概念板就是收集各种与主题相关的图片，对它们进行研究、筛选，注意将研究素材和流行意象及趋势预测结合起来。再把这些选好的图片粘贴在一个大板上，同时选择一组能再现主题的色彩系列一起放在画板上，以便你一眼就能看出这些设计会怎样演变。概念板有的复杂，有的简单，但正如它的名字所暗示的，概念板必须始终抓住设计方案的基调，如图5-28、图5-29所示。

图5-28　故事板样例一

图5-29　故事板样例二

## 六、设计拓展

### （一）确定元素

在众多的素材中选取一点，集中表现某一特征，称之为主题。要开始一组服装设计，首先要确定的就是主题。主题是一个系列构思的设计思想，也是创意作品的核心。从素材中选取你最感兴趣、最能激发你创作热情的元素进行构思，当启发灵感的切入点明朗化、题材形象化，并逐渐清晰时，系列主题就会凸显出来。

### （二）经典主题设计分类

#### 1.20世纪70年代休闲风

20世纪70年代风潮引出了许多设计主题，在女装系列中，Mary Tyler Moore的时装秀展现出了运动装的风格。设计先锋中，Sonia Rykiel、Marc Jacobs、Etro、Paul&Joe以及Ferragamo都不约而同地采用了这一风格。带有20世纪70年代风格的色调有跳跃的橘色和黄色，与复古色调搭配看起来十分新颖。顾名思义，休闲运动主题是一个亮点，喇叭裤、长及小腿的半身裙或连衣裙、拖地长裙、连身裤以及束腰外衣都是关键性的款式。系腰带的款式也十分重要，如图5-30、图5-31所示。

图5-30　款式

图5-31　色彩

#### 2.非洲风情

非洲风格仍旧是民族风潮中不可缺少的一点，我们可以看到一些更加时髦的元素被添加在女装的设计中。Louis Vuitton和Givenchy运用大量放大的斑马纹、狮子花纹以及豹纹来响应这一主题。众多的拖地长裙让这一主题看起来带有传奇的色彩。大面积的印花与钩编和流苏细节搭配，看起来十分和谐，如图5-32、图5-33所示。

图5-32　款式

图5-33　色彩

### 3.夏威夷风格

新颖的元素融入夏威夷风格中，Massimo Rebecchi和Roberto Cavalli的设计中带有沙漠探险的意味。飘逸的款式包括拖地长裙和半身裙（常与开叉搭配），同时Cavalli还设计了喇叭裤。沙漠色调打造出自然粗糙的感觉，动物印花也被纳入到这一主题当中。细节方面则采用了系带和流苏，如图5-34、图5-35所示。

图5-34　款式

图5-35　色彩

### 4.波西米亚风情

波西米亚风情是最传统的波西米亚表现形式，并且20世纪70年代是这一主题的主要灵感来源。这一款式带有嬉皮风格，并以透视感布料和飘逸的造型打造出浪漫感。Etro、Alberta Feretti以及Kenzo都采用了这一主题。飘逸的拖地长裙和半身裙搭配美丽的花朵印花，其他的款式还有长袍以及衬衫，如图5-36、图5-37所示。

图5-36　款式

图5-37　色彩

### 5.中性风格

设计师Paul Smith、Dsquared及Vivienne Westwood再次掀起了中性装的流行趋势。不同于抽象感的运动装趋势，中性装着重于服装的剪裁，改良的西装、休闲系扣衬衫，再搭配上宽腿裤、香烟形裤子或楔形裤。短裤西装，男友式衬衫以及波点也被加入到这个主题中。Dsquared还引用了YSL的套裤装，如图5-38、图5-39所示。

### 6.浪漫礼服

Dolce和Gabbana推出了强势的全白色设计主题。灵感来自于新娘婚礼之夜的礼服和其他婚礼必备的传家宝、英格兰刺绣等。Antonio Marras和Alberta Feretti同时采用了这一设计灵感，带来了新颖的浪漫造型，如图5-40、图5-41所示。

图5-38　款式

图5-39　色彩

图5-40　款式

图5-41　色彩

7. 中国风

中国风对Louis Vuitton的设计带来了巨大的影响。款式上包括宽袖、中国式衣领和高开衩的旗袍，为这一主题带来些许夸张感。中国式花朵印花是Louis Vuitton和Dries Van Noten带来的另一个流行趋势。大面积的龙图腾印花出现在Christopher Kane的设计中，青蛙造型的纽扣是这一主题中普遍的细节，如图5-42、图5-43所示。

图5-42　款式

图5-43　色彩

8. 温柔缥缈

缥缈感的设计算得上是最浪漫的款式了，Thakoon、Jen Kao以及Dries Van Noten和Chloe的系列中都出现了这一主题的影子。这一主题以透明布料、雅致柔和的色调及曳地裙摆来诠释出飘浮轻盈的感觉，如图5-44、图5-45所示。

9. 日式风情

亚洲元素是一个火热的流行主题。Kenzo、Michael Van Der Ham以及Rodarte都采用了日本式的设计，尤其是茧型分层堆叠的款式，和服和制服造型的款式也被采纳。日本式的花朵印花和宽腰带细节也十分突出，如图5-46、图5-47所示。

图5-44　款式

图5-45　色彩

图5-46　款式

图5-47　色彩

10.淑女风格

淑女风格是由20世纪50年代的设计主题演变而来。明快的色调出现在CHANEL花呢半身裙套装中。圆摆的半身裙和系腰带的款式让造型看起来十分高雅，而且很协调，如图5-48、图5-49所示。

图5-48　款式

图5-49　色彩

11.现代奢华

现代奢华感仍是最突出的表现形式之一，它表现在简约风格的运动装上。大批的设计师十分欣赏Celine之前推出的系列，其中以Stella McCartney、Chloe和Akris的系列最为明显。必备的款式包括楔形裤、防水短上衣、白色系扣衬衫和紧身连衣裙。条纹布和皮革材质打造出怀旧感的造型，如图5-50、图5-51所示。

12.游猎风格

游猎混合奢华感的风格出现在Gucci和Barbara Bui的设计中。游猎风格的夹克是这一主题的重心，休闲楔形裤以柔软的材质打造出一种新颖的时尚款式。细节上有口袋装饰等许多不同形式，如图5-52、图5-53所示。

图5-50 款式

图5-51 色彩

图5-52 款式

图5-53 色彩

13.西南风格

西南风格被Ralph Lauren和Emilio Pucci诠释得最佳。牛仔和草原牧场的元素被融入拖地长裙、连衣裙和蕾丝绒面革面料的设计中。Pucci采用一些巨大的印花来响应这一设计主题，流苏和绣花也是细节中不可缺少的元素，如图5-54、图5-55所示。

图5-54 款式

图5-55 色彩

14.西班牙风格

西班牙阶梯保留着2000多年的文化色彩，它与古罗马斗兽场废墟、著名的许愿池、国家统一纪念碑、威尼斯广场统称为是“永恒之城”的精髓部分。西班牙斗牛士带来了一股浪漫复古的设计灵感，以系带、复古花朵印花、中性线条以及剪裁为主要表现形式。Hermes在现代风格中加入了传统元素，骑手们穿着马裤、剪切效果的皮革装以及绒面革套装来展示自己的英武。腰带也是这一风格的主要细节，如图5-56、图5-57所示。

图5-56　款式

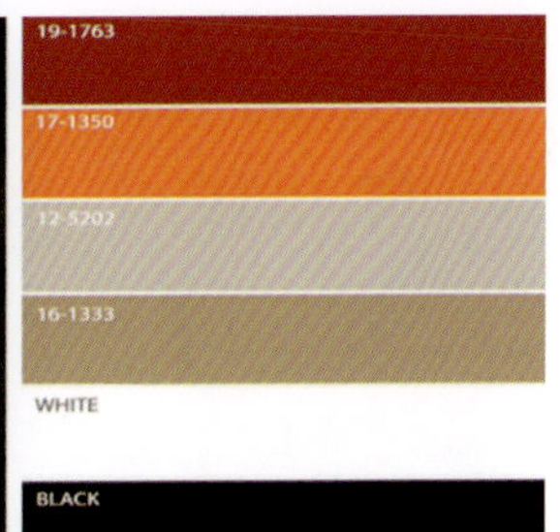


图5-57　色彩

# 第三节　创意服装设计的构思方法

## 一、注重主题理念的设计

### （一）“禅宗”主题理念的设计

“禅宗”主题理念的设计，如图5-58～图5-62所示。

主题体现新颖、精致和纯净等元素，并以此改良了核心单品。服装造型简约，优雅长款与修身裤子叠搭，以柔软腰带装饰，演绎出时尚都市风，透明硬纱褶裥和柔道腰带体现禅宗元素。同时，自然生丝与纯棉混合，彰显工艺风尚。

造型优雅，色彩纯净，禅宗美感演绎极简主义廓形。

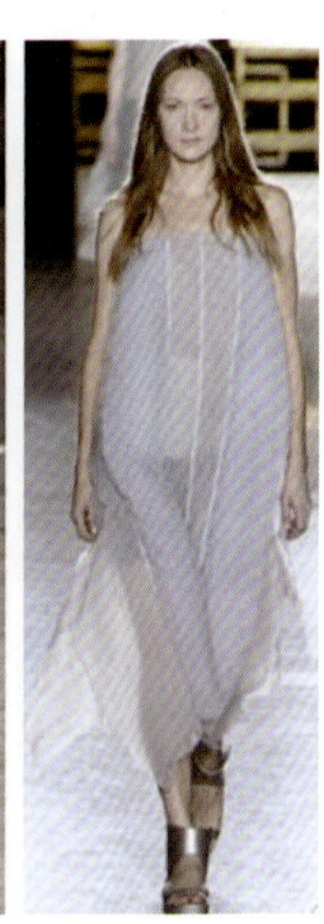

图5-58　色彩分析

**【色彩说明】**“禅宗”主题的核心色彩是经典中性色，棉白色、小麦色和深黑色为主打，同时，烟灰蓝和珊瑚色为点缀。

图5-59　印花和图案

**【设计说明】**从简约亚麻纹理到水洗摩登渐变效果，彰显了线条的趣味性，使衣服极具新颖的现代美感，同时亚洲元素印花体现禅宗式冥想风。

图5-60　梭织面料

**【设计说明】**十字纹理亚麻和方平织物表达清爽粗犷感，同时，轻盈泡泡纱、清新府绸和透明材质体现纯洁的极简主义风。

图5-61　细节

**【设计说明】**日式细节为2015春夏服装增添了趣味性。柔道腰带、大号蝴蝶结、肩部的趣味设计和毛边效果为本系列演绎出柔软时尚的都市感。

图5-62　配饰和鞋子

**【设计说明】**奇特珠宝、手提包和凉鞋呈现出纯净精致感，突出其优质简约性，同时，中性色材质也同样具备此特点。

### （二）现代骑士风设计主题预测实例

现代骑士风设计主题预测实例，如图5-63～图5-65所示。

图5-63　风格与色彩

图5-64　款式与细节

图5-65　面料

【设计说明】在经典骑马装元素中可以看出，骑士风格已经明显地渗透到设计师的思维中，现代女装创造出了现代骑士风格的款式。披肩斗篷搭配冬季短裤或自行车短裤，而在针织款式方面，古老的北欧风格图案和精致的针织图案更能体现这种风格，以合身和短款轮廓来打造女骑士的干练。Hermes式的围巾和其他一些细节加上金属配饰都能够很好地体现复古风。偶尔增加一些棉质的蕾丝点缀装饰，则很好地将女性的柔美和精致娇贵的感觉烘托出来。

## 二、注重款式造型的设计

服装造型设计指的是服装的外部线形、内部结构及领、袖、袋、纽扣和附加装饰等局部的组合关系所构成的视觉形态，而服装造型的创意设计就是打破传统的造型规律，利用创新的方式对其进行设计，并通过分割、组合、积聚、排列等方式产生形态各异的服装造型。

服装的外形设计是针对服装的外观结构的设计，是服装造型设计的基础。服装的外形设计不仅表现了服装的造型风格、着装者的气质特点，还窥探出了服装流行风格的变迁和世界时装潮流的演变。

### （一）服装的造型风格

服装的造型风格，如图5-66 ~图5-73所示。

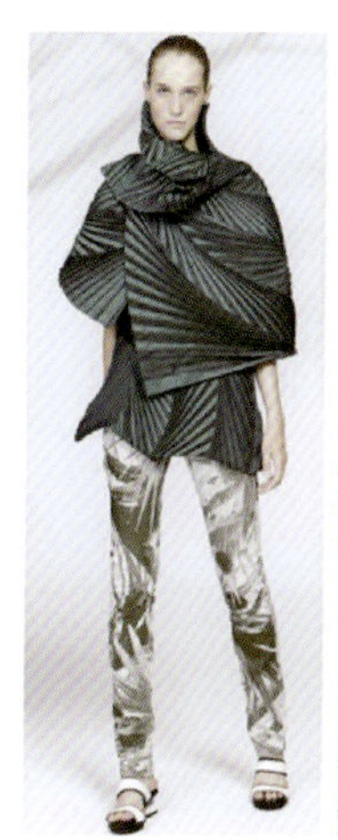
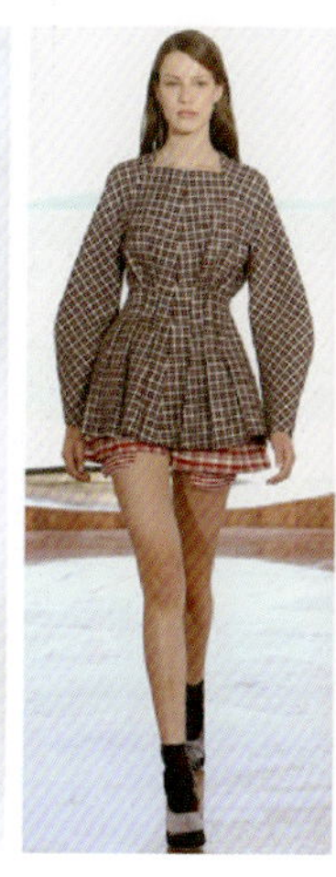

图5-66　服装造型

**【设计说明】**无懈可击的完美工艺经过精雕细琢，更迎合当前潮流。经过精剪和叠搭的廓形呈现出复杂精致的雕刻感，面料改造、醒目的折叠、褶皱和创意图案则用来打造出趣味性的廓形。

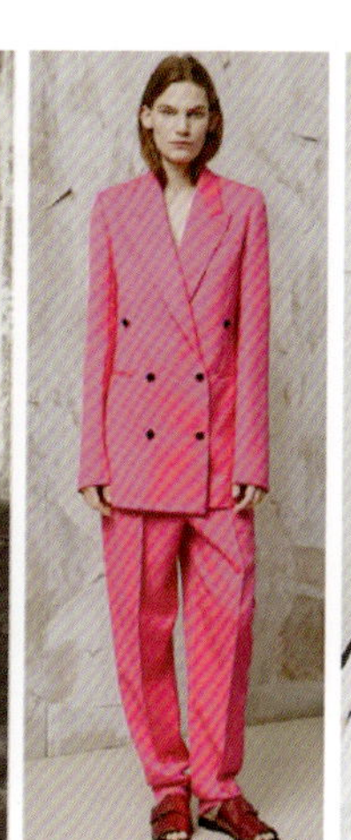

图5-67　休闲中性风

**【设计说明】**硬朗的西装式剪裁继续演变。每个季度，廓形在剪裁上都会变得越来越宽松。对于初夏装而言，短款或长款箱型夹克的休闲廓形将会搭配宽松休闲的拖地百褶长裤。流线型的面料是这些新颖廓形的关键所在。

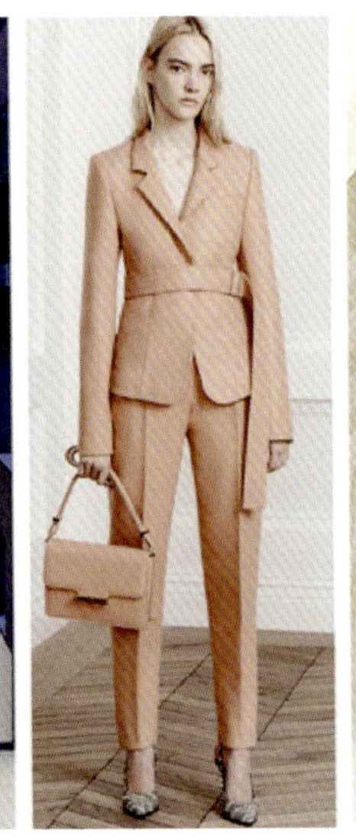

图5-68　修身廓形

**【设计说明】**修身的线条设计简洁而精准，结合整齐精致的剪裁，开始崭露头角。夹克采用贴身的西装式剪裁，裤子有的是修身铅笔裤，有的采用长及脚踝的截短式剪裁，还有的采用喇叭廓形，加长的喇叭裤脚十分宽阔足以盖住高跟鞋。轻质的羊毛呢和有弹性的绉纱是这一女性化廓形的绝佳面料选择。

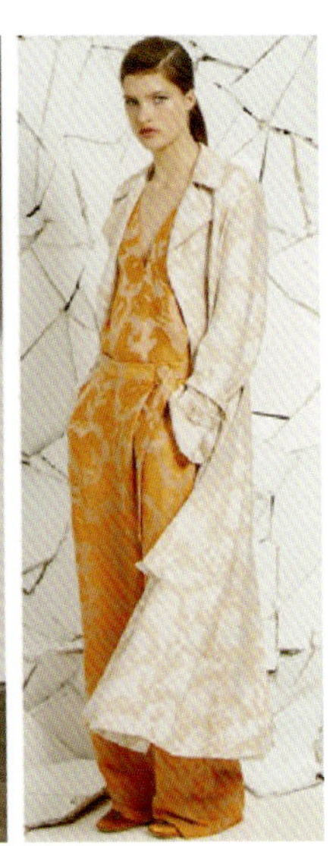

图5-69　休闲时光

**【设计说明】**这种奢华、休闲的款式借助于男式廓形加以演变。较为柔和、更加休闲的设计思路将流线型的大码长裤与极其宽松的大衣和夹克相搭配，呈现出夹杂着运动休闲感的高冷风格。经典的睡衣式夹克搭配超长长裤，为这一四季不断的造型增加一丝新意。

图5-70　甜美短裙

**【设计说明】**下摆长度依然处于大腿位置，但是廓形变得更加甜美可人。设计师倾向于夸张的宽摆短裙，腰部收紧，手风琴式褶裥、柔和的聚褶和深深的褶裥打造出立体层次感。廓形采用轻盈的薄纱、奢华的蕾丝和印花丝绸剪裁而成，增加了甜美感。

图5-71　名媛淑女

**【设计说明】**端庄优雅的廓形，采用贴身的修身剪裁，对女性化廓形加以突出。这一全新廓形的重点是一些复杂的细节，包括精美腰带、流苏和露肩设计。通过可拉伸的透明蕾丝、奢华浪漫的雕绣和精美的装饰来加强廓形的女人味。

图5-72　A字型

**【设计说明】**A字型廓形继续向春季演变，设计师们倾向于选择A字型，突出简约而醒目的线条。外套面料打造出摩登、轮廓鲜明的结构，更加轻盈的面料则采用褶裥和分层设计，或是在腰部收紧更加凸显女人味。A版分体式套装相互搭配可营造出更显成熟韵味的格调。

图5-73　流线型

**【设计说明】**长款、具有立体感的廓形采用轻盈飘逸的夏季面料，如奢华丝绸或柔软绉纱来打造出流畅飘逸感。拖地阔腿长裤呈现出流线型，简约的吊带连衣裙则通过层叠的剪裁和超大的尺寸随风飘扬。

### （二）款式图

款式图，如图5-74 ~图5-83所示。

图5-74　彩色款式图（一）

图5-75　彩色款式图（二）

图5-76　彩色款式图（三）

图5-77 彩色款式图（四）

图5-78 彩色款式图（五）

图5-79 彩色款式图（六）

图5-80　彩色款式图（七）

图5-81　黑白款式图（一）

图5-82　黑白款式图（二）

图5-83　黑白款式图（三）

（三）细分市场设计

绝大多数服装设计师最后都成了某一特定领域的专门设计人才，这些领域可能是女装、男装、童装、礼服、婚纱、内衣、泳装、服饰品、鞋袜、特体服装及许多其他服饰，每个领域都有各自的特点。为个性化产品进行设计，使设计过程高度专业化，设计师必须深刻认识产品的结构和性能，全面了解生产过程中使用的材料和生产工艺。

1. 皮草设计

皮草设计，如图5-84所示。

图5-84　皮草设计作品

## 2.婚纱礼服设计

婚纱礼服设计，如图5-85所示。

图5-85　婚纱礼服设计作品

## 3.内衣泳装设计

内衣泳装设计，如图5-86所示。

图5-86　内衣泳装设计作品

4. 男装设计

男装设计，如图5-87所示。

图5-87　男装设计作品

5. 童装设计

童装设计，如图5-88所示。

图5-88　童装设计作品

### 6.创意作品欣赏

创意作品欣赏，如图5-89～图5-91所示。

图5-89 创意设计作品（一）

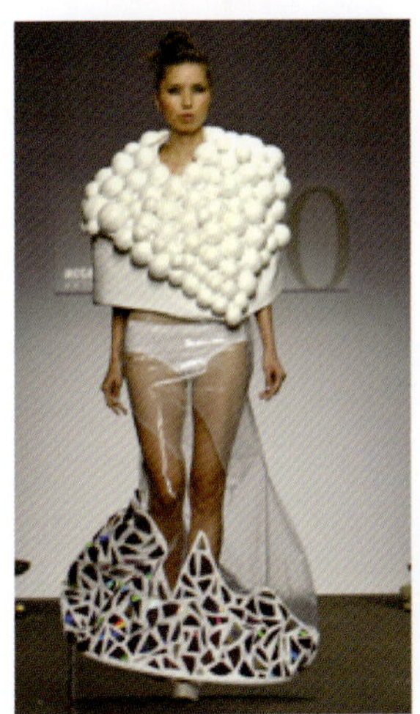

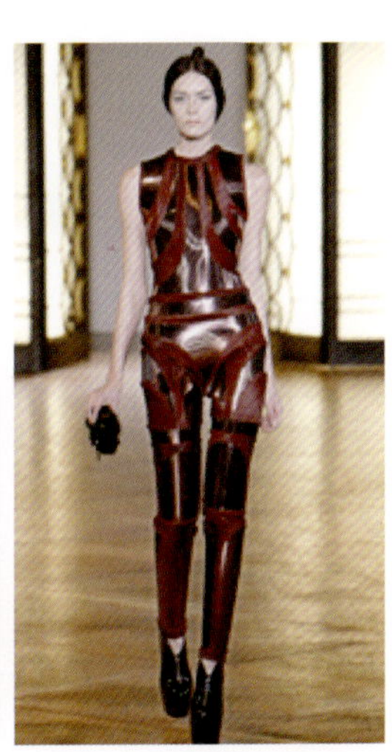

图5-90 创意设计作品（二）

图5-91 创意设计作品（三）

## 三、注重服装部件的创意设计

### （一）口袋设计

口袋在服装中具有实用功能，又具有一定的装饰功能。口袋的创意设计主要体现在位置、形态、比例、材料及色彩变化等方面。常见的创意口袋类型有贴袋、嵌袋、挖袋及装饰性的口袋等，如图5-92所示。

图5-92　口袋细节设计

### （二）袖型设计

袖子是服装中不可缺少的组成部分，袖子的设计在服装造型设计中占有重要的地位，袖子的造型主要是依袖窿的结构变化而变化。袖型的创意设计主要体现在袖口大小、宽窄、粗细方面，以及袖窿的变化、袖肥的宽窄、袖褶形式、开口方式等方面，如图5-93～图5-95所示。

图5-93　袖型细节设计（一）

图5-94　袖型细节设计（二）

图5-95　袖型细节设计（三）

## （三）袖口设计

袖管下口的边沿部位，袖口的设计要适应服装的功能要求，造型要与袖身和衣身协调，运用袖口的变化设计来烘托服装的整体变化，起到细节亮点的作用，如图5-96、图5-97所示。

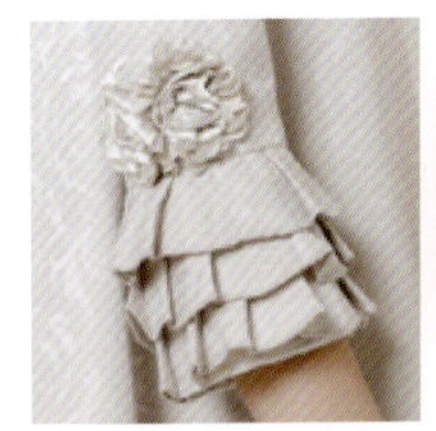
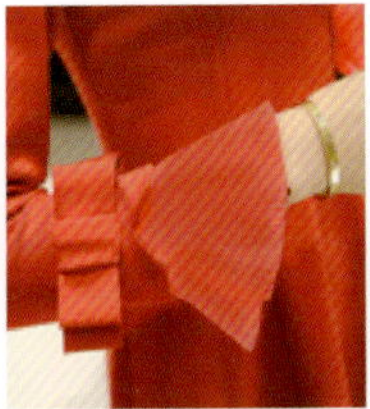

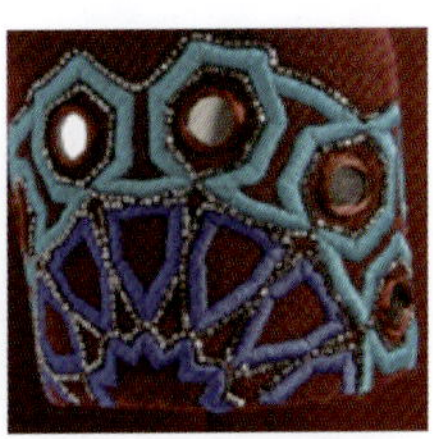

图5-96　袖口设计（一）

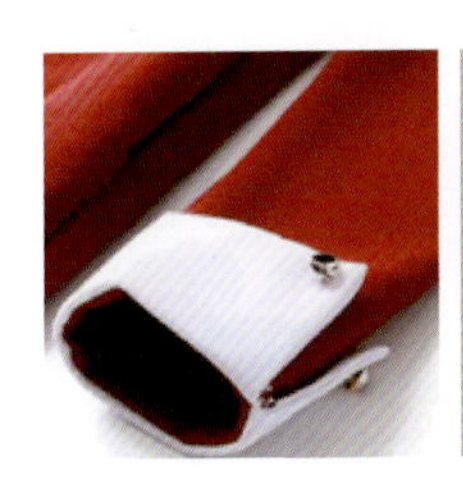

图5-97　袖口设计（二）

## （四）领型设计

领子是服装至关重要的部分，它非常接近人的面部，处在视觉的中心。领型的创意设计主要体现在装领设计、组合领设计的变化上。装领是指领子与衣身分开单独装上去的衣领，装领造型丰富，创意设计主要体现在领座的高度、领子的高度、翻折线以及领外边缘线的变化，主要包括夸张个性的立领、翻领、驳领等类型，如图5-98～图5-101所示。

图5-98　领型设计（一）

图5-99　领型设计（二）

图5-100　领型设计（三）

图5-101　领型设计（四）

（五）腰部设计

服装的腰部设计主要是对腰带以及裙裤的腰头进行的设计，是下装设计的重要部分。腰部的创意设计主要体现在腰头、腰带的宽窄和形状的变化，其造型、形式、材料色泽奇异繁多，是时尚流行变化较快的部分，如图5-102～图5-104所示。

图5-102　腰部设计（一）

图5-103　腰部设计（二）

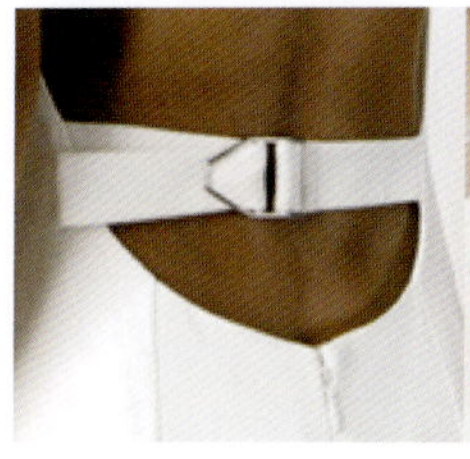 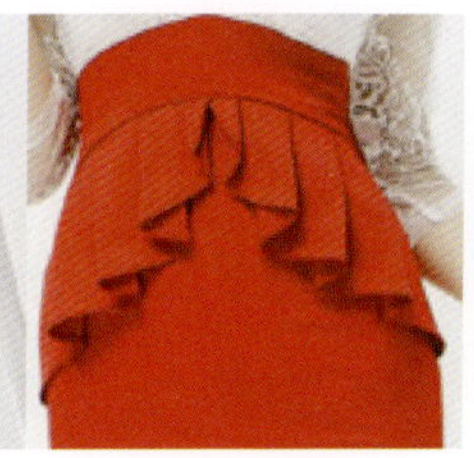 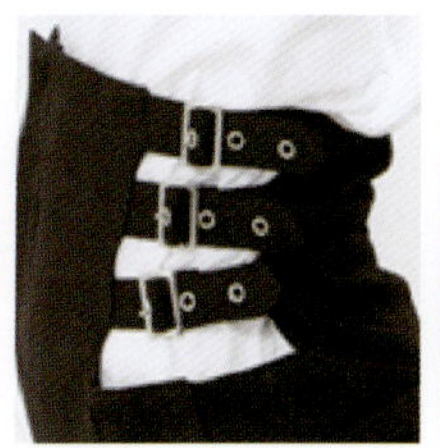 

图5-104 腰部设计（三）

## （六）扣子、拉链设计

扣子、拉链的设计是指在服装上起连接作用的部件设计，扣子、拉链同时具有实用性和装饰性的功能。它们的巧妙设计可以弥补服装造型的不足，并起到画龙点睛的装饰效果。

扣子的造型结构主要有纽扣、按扣、金属敲扣、搭扣、衣领扣、卡子、参环等类型，如图5-105、图5-106所示。

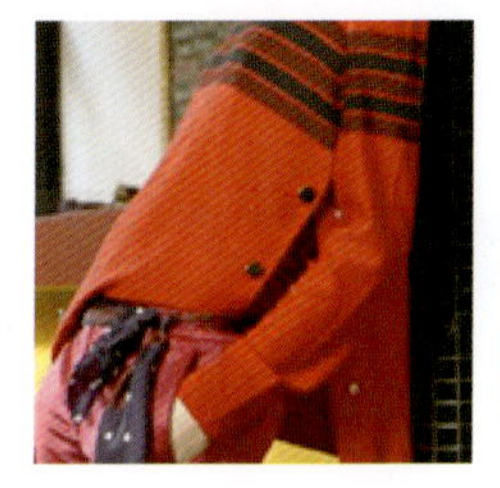   

图5-105 扣子设计（一）

 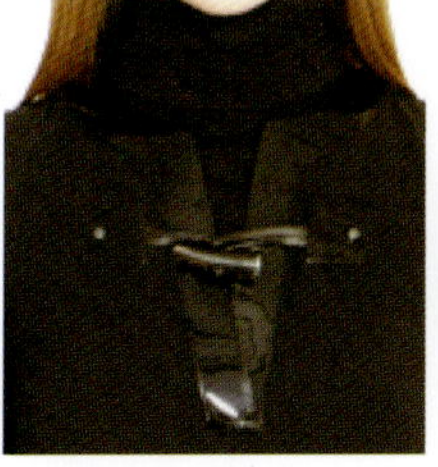  

图5-106 扣子设计（二）

拉链又称拉锁，是一个可重复拉合、拉开的由两条柔性的可互相啮合的连接件。拉链是一百多年来世界上最重要的发明之一，使用领域涉及最为广泛，已成为当今世界上重要的服装辅料，如图5-107所示。

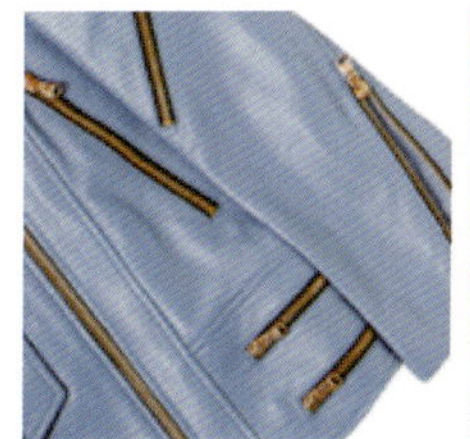   

图5-107 拉链设计

## 四、注重色彩搭配的设计

色彩、款式和面料是服装设计的三要素，三者相比，色彩是影响人视觉效果最重要的因素，俗话说“远看色，近看花”。在选择购买服装时，服装色彩是影响顾客购买意向的第一要素。随着我国经济文化的不断发展，多数人已经从关注服装实用性的初级消费者转变为关注服装审美性的成熟消费者，即从关注实用和耐用性转变为关注美观性、独特性和时尚性，而决定这些的主要因素就是色彩，因此，服装色彩设计已经成为服装设计的头等大事，如图5–108所示。

图5–108　色彩小样与色卡

### （一）色盘

色盘集合了所有色彩。一系列的饱和色调从柑橘色到奢华的深红色再到暗色藏青色和黑色，作为重要的色彩范围开始崭露头角，中性色平衡了调色盘。如图5–109所示。

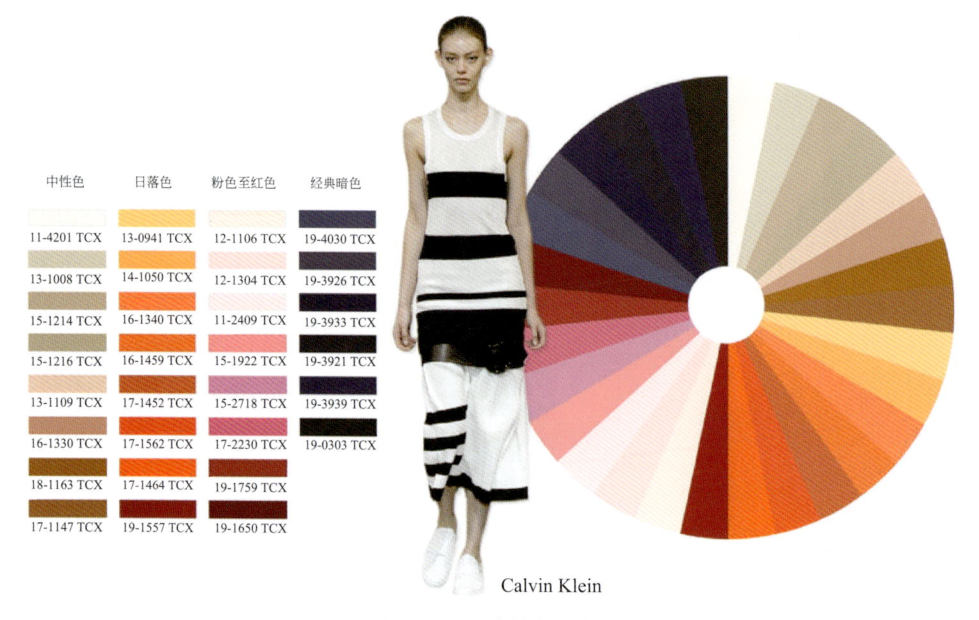


图5–109　色块与色盘

## （二）色彩与设计

### 1.纯洁白

从头到脚的设计廓形都沐浴在视觉白色中，净化了调色盘，成为设计师喜爱的重点色彩选择。这种清新自然的色调出现在纯洁精致的外观设计中，贯穿于考究风与休闲风格。白色在柔软的运动衫、挺括的棉料和飘逸的绉丝中使用，带来纯净极简主义美感，如图5-110所示。

图5-110　纯白色服装作品

### 2.玫瑰红

玫瑰红色仅仅带有一丝微弱的色彩，粉粉的而又非常柔和，作为独立的浅色开始崭露头角。仿佛呈现出微弱的玫瑰亮色、牡蛎粉色、透明珍珠色和粉末泡棉，用在简约的女人廓形中，传递出初夏廓形微妙的天然感，如图5-111所示。

图5-111　玫瑰红色服装作品

3. 奶油杏仁糖色

一系列温暖的奶油杏仁糖色和深红色调逐渐兴起，为本系服装廓形赋予摩登的视角。随性休闲的廓形设计采用浅驼色色调，而考究风格搭配浅棕色，营造出温和而又不失干练的氛围，如图5-112所示。

图5-112　奶油杏仁糖色服装作品

4. 卡其沙色

卡其色已然成为某些季节的核心搭配色彩，这一经典中性色调在初夏单独使用，非常百搭，成为灰色的摩登替代性选择。从头到脚的一色用在剪裁考究的套装、休闲户外夹克或女人粗花呢和粗纱丝绸服装上，沙色彰显出浑然天成的干练的吸引力，如图5-113所示。

图5-113　卡其沙色服装作品

5. 琥珀棕色

琥珀棕色从2015 ~ 2016秋冬的白兰地色调演化而来，作为一种唯美的暖色调在初夏出现。搭配深蓝色或香料色彩，琥珀色为整个调色盘带来全新的色彩。这些陶瓦色调用在高档奢华的面料中，比如柔软的皮革、绒面革和夏日羊毛，看起来最丰富饱满，在整体简约廓形中增添奢华魅力，如图5-114所示。

图5-114　琥珀棕色服装作品

6. 柑橘色

柑橘色向亮橙色方向演化，提亮了夏日抢眼的从头到脚的廓形。柿子橙、朱红色和万寿橘黄色用在女性丝绸和开司米羊绒混纺面料中，与黑色形成鲜明的对比，迸发出诱人的兴致，打造出生动的个性单品，如图5-115所示。

图5-115　柑橘色服装作品

7.海棠红

生机勃勃的强烈粉色调包括洋红色、树莓色和海棠红色。萎靡的、抢眼的波普粉色不在简约的太阳裙中洋溢着热情，也不在纹理表面的蛋糕上无动于衷。这些粉色气势磅礴，轻快活泼，充满夏日趣味，如图5-116所示。

图5-116 海棠红服装作品

8.深红色

色彩饱满、高档奢华的深红色调在初夏系列中增添热情似火的气质，这些饱满的色调搭配在休闲干练的柔软皮革或考究服装廓形中。暗淡的色调营造了浪漫主义氛围，如图5-117所示。

图5-117 深红色服装作品

9.深藏青色

深藏青色是必备搭配色彩。经典色调保持了传统的触感，藏蓝色提供了成熟干练的吸引力，高级的面料彰显整体风格的丰富奢华，精确考究的工艺剪裁体现了现代设计方向，如图5-118所示。

图5-118　深藏青色服装作品

10.黑色和白色

黑白色彩拼接继续主宰2016初夏色彩主题。设计师们对黑白设计进行探究，产生了视觉刺激和摩登影响力。使用现代色彩拼接，图案设计被条纹或素色分体式服装的简约搭配所取代，实现了时髦的戏剧化美感，如图5-119所示。

图5-119　黑色和白色服装作品

## 五、注重面料辅料的设计

服装设计中面料的再设计，即运用重新组构来制造尽可能多的表达形式。而一旦具体的材料经过一番重新整合得到了较为满意的视觉效果，服装的塑造表现便显得容易可行起来。在服装设计过程中，面料饰物的重组配置显得非常重要。材料贴切的调度搭配，是形成完美服装的重要组成部分，如图5-120、图5-121所示。

女装面料新兴趋势

——“流动”金属表面

图5-120　面料肌理

图5-121　面料二次设计小样

### （一）触觉肌理

触觉的肌理是通过触摸感官，给予我们不同的心理感受，如粗糙与光滑、软与硬、轻与重等。就材质设计而言，触觉肌理设计除了新材料是由于内部织造形成的肌理效果以外，一般是对现有的面料进行再创造性的设计加工，使之表面产生新的肌理效果，丰富材质的层次感。不同的材料对象有不同的表现加工方法，下面介绍四种设计方法。

#### 1.面料的立体型设计

改变面料的表面肌理形态，使其形成浮雕和立体感，有强烈的触觉，如皱褶、折裥、抽缩、凹凸、堆积。现代服装设计中，立体设计有的用于整块面料，有的用于局部，而与其他平整面料形成对比。无论哪种应用，都能使服装设计达到意想不到的艺术效果，如图5-122所示。

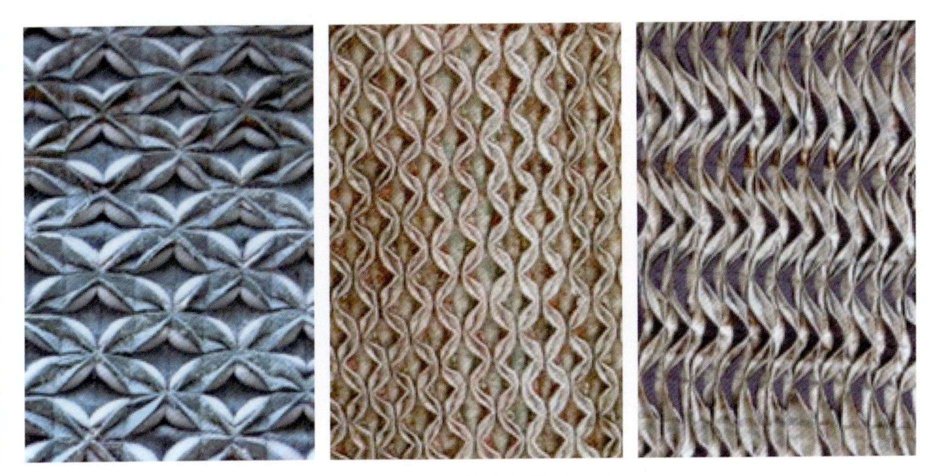

图5-122　面料的立体型设计

#### 2.面料的加法设计

在现有的面料材质上通过贴、缝、挂、吊、绣、粘合、热压等方法，添加相同或不同材质的材料，形成立体的具有特殊新鲜感与美感的设计效果，如使用珠片、羽毛、花边、贴花、明线等多种材料，运用刺绣、透叠等方法，如图5-123所示。

图5-123　面料的加法设计作品

贴补是把另外一种颜色的面料，按照所需要的形状剪下，并贴补到时装面料表面的方法，俗称打补丁或贴补绣。分为立体贴补和平面贴补两种。立体贴补是在贴补面料下面加一层泡沫或是填充一些腈纶棉；平面贴补则是平贴在时装裁片上，如图5-124所示。

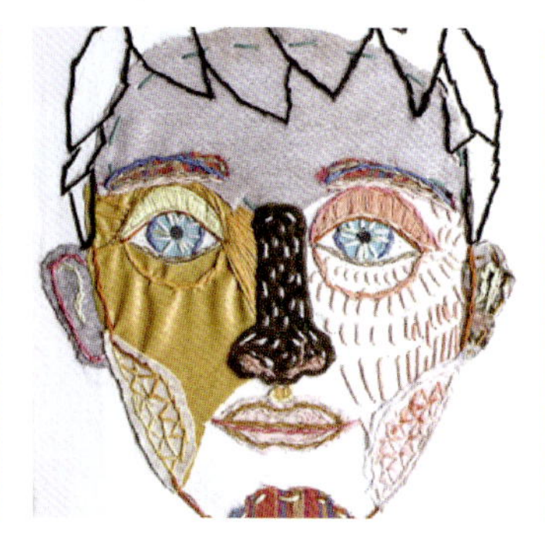

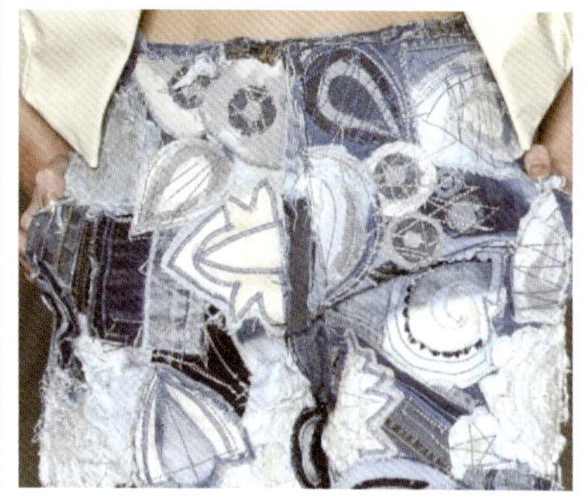

图5-124　贴补

3.面料的减法设计

破坏成品或面料的表面，使其具有不完整、无规律或破烂感等特征，如抽丝、镂空、烧花、烂花、撕、剪切、磨洗，如图5-125 ~图5-128所示。

图5-125　镂空设计

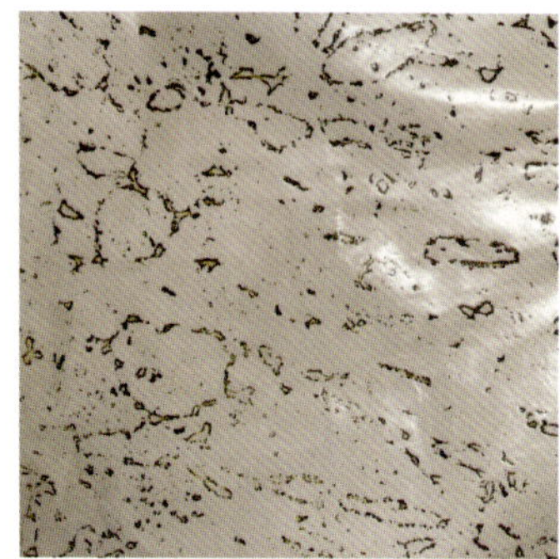
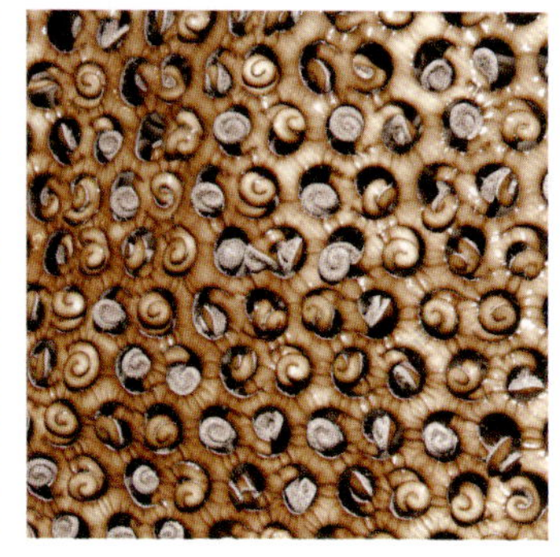

图5-126　烂花　　图5-127　烧花　　图5-128　烂花和烧花

4.面料的钩编织设计

用不同的纤维制成的线、绳、带、花边，通过编织、钩织或编结等各种手法，形成疏密、宽窄、连续、平滑、凹凸、组合等变化，直接获得一种肌理对比的美感，如图5-129 ~图5-133所示。

纤维
- 精纺羊毛和粗纺羊毛
- 奢华开司米羊绒和丝绸
- 棉布和开司米羊绒混纺
- 粘胶纤维、丝绸和人造光感纤维
- 舒适弹力织物
- 棉布和尼龙混纺

纱线
- 经典多股纱线
- 对比多色纱线
- 围裹和绳索
- 简约纳特斜纹花呢和条带
- 流苏式剪裁带子纱
- 简约粗纱粗花呢

针法
- 几何转移线缝
- 模块和起褶
- 动态嵌花图案
- 不规则纹理条纹
- 褶裥和添纱线法
- 阿富汗钩针编织结构

表面
- 彩虹渐变浸染
- 簇状流苏表面
- 针刺局部印花
- 拼接和补丁
- 拉绒和毡制风格
- 刺绣和线迹

图5-129　编织手法（一）

图5-130　编织手法（二）

图5-131　编织手法（三）

图5-132　编织手法（四）

图5-133　编织手法（五）

### （二）视觉肌理

视觉肌理主要通过服装材料的不同图案和纹样、不同题材风格、不同的表现形式形成的视觉美感，其有助于丰富材质艺术的装饰表现形式。视觉肌理的表现形式直接影响材质的视觉形象和艺术效果。在遵循形式美的法则基础上，灵活运用重复、分割、集密移动、渐变、回转、透叠、重合等构成手法，并达到虚实相映、聚散有形、刚柔相济、穿插有秩、浓淡相适等和谐的状态，给人们逼真感、朦胧感、冲击感或空间感。

#### 1.染色

把采购来的面料，尤其是白坯布面料，进行手工染色，使其变成所需要的色彩的面料的再造方法，就是染色。适合于手工染色的染料，一般以从商店就可买到的直接染料为主。直接染料适合棉、麻、丝、毛、人造丝等面料，如图5-134所示。

#### 2.印花

印花主要是指丝网印花，是一种在轻薄的丝织品上制版印花的方法。丝网印花是印染厂传统的手工工艺，较适合少量时装的手工印花。优点是灵活便利、花型规则、易于操作，如图5-135所示。

图5-134 染色服装设计作品

图5-135 印花面料与服装作品

**【设计说明】**近年来，人们对趣味几何图形的热爱继续高涨，设计师们采用拼接工艺对剪纸趋势加以更新，转变为新颖的棱角图形。

3. 手绘

用画笔、毛刷等工具，直接把一些合成染料或丙烯颜料涂画在面料表面的绘制方法。优点是可像绘画般地勾画和着色，对图案和色彩没有太多限制，只是不适合涂着大面积颜色，否则，涂色处会变得僵硬。手绘一般是在成衣上面进行的，如图5-136所示。

4. 喷绘

借助于专门的电脑喷涂设备在时装面料表面喷着上许多色点，利用色点的疏密变化表现各种图形或图像的面料再造方法就是喷绘。电脑喷涂的效果细腻、准确、逼真，如图5-137所示。

图5-136　手绘服装作品

图5-137　喷绘图案

5.做旧

做旧是利用水洗、砂洗、砂纸磨毛、染色等手段，使面料由新变旧，从而更加符合于创意主题和情境的需要的面料再造方法。做旧分为手工做旧、机械做旧、整体做旧和局部做旧等，如图5-138所示。

在服装设计中，把衣服做旧有以下三种方法。

（1）未完成技巧　“未完成”顾名思义就是故意不把衣服做完整，留着半成品的感觉，留着毛边、留点线头、露出衬布，等等，让人感觉成品的衣服也像洗了无数遍，破破烂烂的样子。

图5-138 做旧服装作品与细节

（2）搞破坏技巧 搞破坏比搞建设来得容易，一件衣服看着就要完工，却要在最后故意挖上洞、剪几个口子，这都是因为流行。可以用碱烧、用酸腐蚀……受完“酷刑”的服装就最终完成了向时尚的过渡。

（3）后整理技巧 砂洗、水洗、石磨做绉、喷染等手法都是常见的做旧技巧，可以在一开始就对面料进行整理，也可以等到成衣出来后整理，而且一些特殊的外观，比如水洗后的毛边和水洗后的刺绣都是设计中的点睛之笔。以不同颜色和不同质感的面料拼接的服装还可以通过做旧的手法达到统一协调的效果。

下面是几种面料的创意设计手法，如图5-139～图5-145所示。

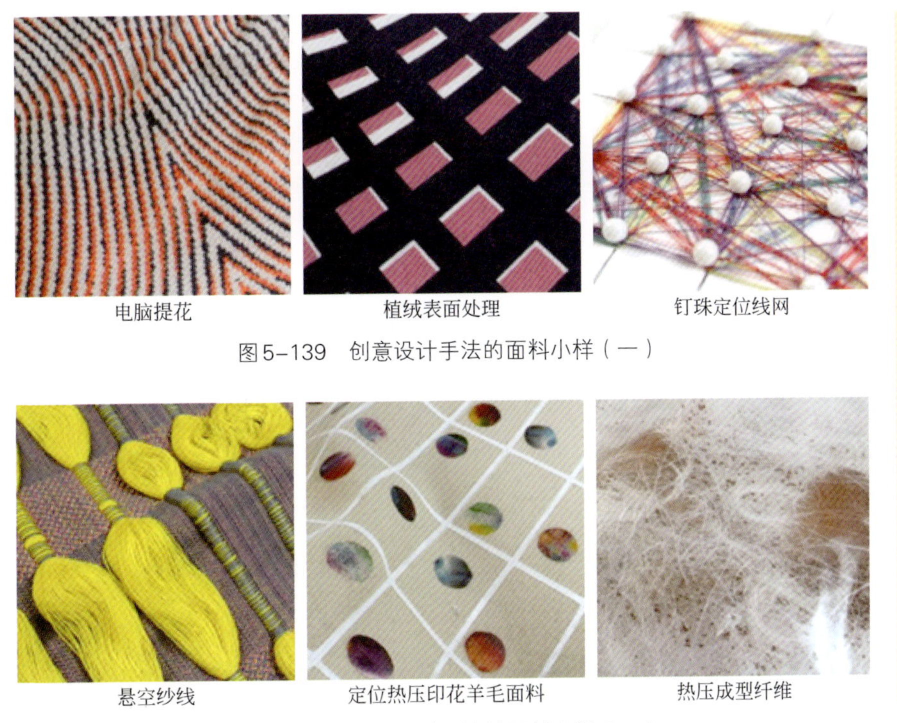
电脑提花　植绒表面处理　钉珠定位线网

图5-139 创意设计手法的面料小样（一）

悬空纱线　定位热压印花羊毛面料　热压成型纤维

图5-140 创意设计手法的面料小样（二）

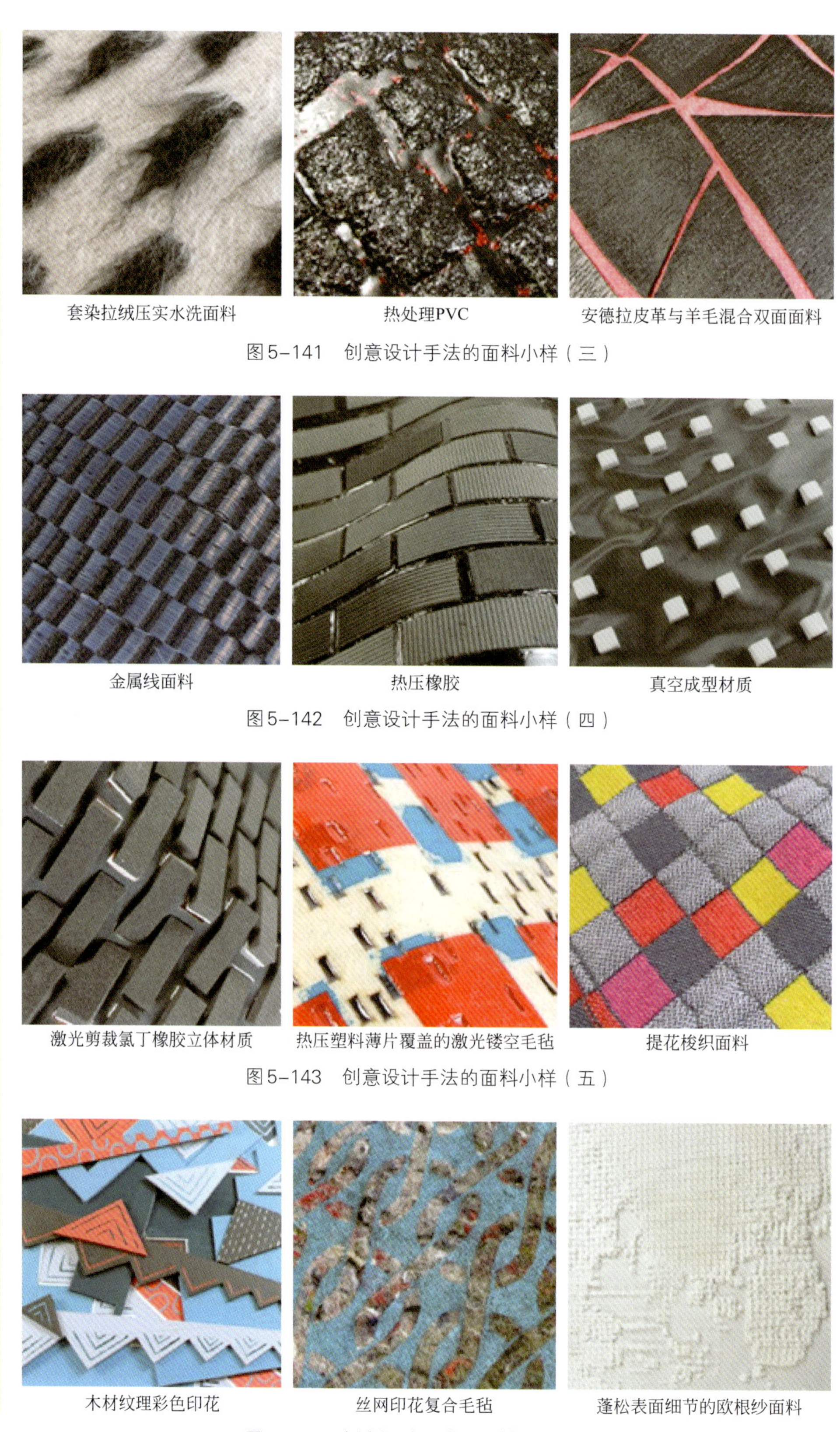

套染拉绒压实水洗面料　热处理PVC　安德拉皮革与羊毛混合双面面料

图5-141　创意设计手法的面料小样（三）

金属线面料　热压橡胶　真空成型材质

图5-142　创意设计手法的面料小样（四）

激光剪裁氯丁橡胶立体材质　热压塑料薄片覆盖的激光镂空毛毡　提花梭织面料

图5-143　创意设计手法的面料小样（五）

木材纹理彩色印花　丝网印花复合毛毡　蓬松表面细节的欧根纱面料

图5-144　创意设计手法的面料小样（六）

3D立体玻璃珠装饰

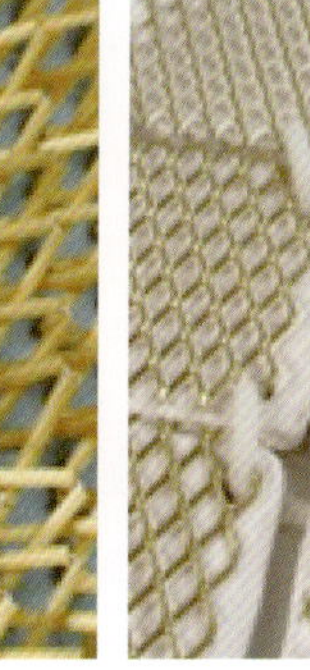

陶瓷，黄铜，棉线

经过染色、剪裁、穿线的木材

图5-145　创意设计手法的面料小样（七）

## 六、注重整体服饰搭配的设计

服饰品是服装整体中起装饰作用的附属品，是服装整体设计不可忽略的部分，使整体造型更加完整。服饰配件主要包括鞋子、帽子、头饰、腰带、箱包、耳环、项链、胸针、戒指、丝巾等。在完成了创意服装的系列设计后，仍需要进行整体搭配与完善设计。要把思维的重心从细节构思转移到整体的把握上来，从整体的角度审视各个细节之间的关系是否和谐，包括恰当的造型，色彩、材质和肌理的美感，精心处理主次、层次以及平衡、对比、比例、节奏、韵律等审美关系，实现总体效果的完美性，如图5-146 ~图5-152所示。

图5-146　鞋子设计

图5-147　耳饰品设计

图5-148　箱包设计

图5-149　项链设计

图5-150　面饰品设计

图5-151　头饰品设计

图5-152　服装与箱包整体设计

## 七、注重细节装饰的设计

### （一）局部刺绣

局部刺绣是增强面料表面特色的主要细节。在连衣裙和礼服装单品中运用广泛，展现醒目迷人的女性魅力。黑白配色伴随民族风花卉装饰，使黑色休闲廓形的整体风格得到提升。无论是大规模的呈现还是零星成群地装饰于下摆和边缘，都别具特色，如图5-153所示。

图5-153　刺绣服装作品

### （二）五金装饰

错落有致的金属环和索环是时尚设计师喜欢选用的重点装饰趋势。为女性廓形增添一丝高端硬朗的感觉。细微的穿孔和大孔眼用于装饰底边并突出腰部线条。五金同样具有功能性，用于衔接T恤和裙裤别出心裁的拼接部分，如图5-154所示。

图5-154　五金装饰细节

（三）皮纹装饰

错综复杂的动物皮纹经过多样化处理成为装饰面料表面的理想选择。透明底布上的采用蛇纹作为细节贴布，不同比例和排版展现奢侈浓郁的野性之美。微小的豹纹印花经过烧花处理，为高雅礼服装增添触感。抽象的装饰性长颈鹿纹和斑马纹依旧受宠，用于提升整体效果，如图5-155所示。

图5-155　皮纹装饰细节

### （四）皮革流苏

20世纪70年代皮革流苏风格席卷休闲外套和单品。软羊革和绒面皮流苏大量装饰于服装边缘、下摆和袖口处，增添了装饰趣味感。金属色细长的流苏为牛仔单品增添趣味感，民族风花卉组合搭配流苏，展现嬉皮士风格，如图5-156所示。

图5-156　流苏细节

### （五）运动珠片

珠片成为当下闪耀亮眼的装饰，多以密集的满地排列和装饰性图案呈现。当珠片应用到礼服装细节，或是如背心和宽松罩衫等宽松廓形时，珠片装饰随光线富有动感变化。这种具有闪耀光泽、富有未来感的表面与哑光面料搭配呈现，通常选用同一色调，如图5-157所示。

图5-157　珠片装饰

（六）图案补丁

带有图案补丁的外套依旧是必备单品。设计师们创新性地将排列密集的花卉补丁按规则块状或抽象形状装点面料表面，为手工艺拼布缝补趋势增添新意。不同的面料质感和纹理形成对比，编织纹路与细条纹进行混搭，打造醒目年轻的装扮，如图5-158所示。

图5-158　图案补丁装饰

（七）搭扣和铆钉

多样的铆钉作为局部装饰大量出现在女性化廓形设计中。而在皮革制的单品中融入圆形边缘装饰依旧是重点设计。运动风金属搭扣兴起并贯穿2016初夏系列。类似戒指的搭扣经过抛光处理，超大尺寸覆盖织物的搭扣替代了夹克上的传统纽扣和拉链扣件，如图5-159所示。

图5-159　搭扣和铆钉细节

### （八）趣味贴花

设计师们玩心大起，在具有维度的纺纱面料表面进行清新的面料组合以及精致典雅的贴花装饰。蕾丝面料、天鹅绒和金属色图案演绎不同的花卉设计。这些缝制于面料表面的贴花使廓形更为干练挺拔，不仅增添了触感，也为平纹和网眼底布面料增添趣味性，如图5-160所示。

图5-160　贴花装饰

### （九）特色纽扣

设计师们玩转金属工字纽扣和平面纽扣，独出心裁地将其装饰于各类单品。无论是平面还是圆形凸起，铸打成型还是经过抛光，这些或大或小的纽扣担当起装饰性特色。可见纽扣不一定非要有具体功能，点缀于简约的廓形和平面背景上同样能营造出耳目一新的感觉，如图5-161所示。

图5-161　纽扣装饰

## （十）多角度金属拉链

拉链已经融入外套和日装的设计，在时尚中展现功能性。设计师们超越常规想法，将外观不同的拉链多角度布局在单品中，突破拉链扣件惯例的使用范围。显眼的金色和银色金属拉链嵌于其他面料，十分抢眼，如图5-162所示。

图5-162　拉链装饰

## （十一）毛边和散口

散口边缘和纱线毛边为面料边缘增添触感的同时也增添了装饰性。多在休闲夹克、连衣裙下摆和口袋处进行这种处理。簇状面料经过改良，简约的边缘展现当代感。牛仔面料的散口边缘以及浓密的纤维表面为各个单品带来一丝波西米亚风，如图5-163所示。

图5-163　毛边和散口装饰

### （十二）荷叶边

设计师们继续在女装中尝试采用各种荷叶边设计，打造出戏剧化效果，传递出甜美的女人魅力。精致的丝绸荷叶边保持了明快俏皮的女装廓形，同时，层叠阶式的双层面料为服装设计增添了现代潮流感，如图5-164所示。

Rochas

Erdem

Gucci

Kaelen

Ports 1961

图5-164　荷叶边装饰

# 第六章

# 服装流行

服装的流行本身就是一种无国界的文化，它具有一定的惯性，而且是一种群体性的行为。本章主要对服装流行以及与之相关的系列问题进行一些理论性的阐述和介绍。

# 第一节　服装流行的含义与特征

## 一、服装流行的含义

所谓流行，是一种流动现象，是在特定的文化条件下、在一定的时空范围内为人们普遍所采用的一种非常规的行为特征。流行所包含的内容特别广泛，如服装、音乐、建筑、体育以及生活用品等都存在着流行的现象。只不过，人们一般口中所说的流行，在较大多数的情况下都指的是服装的流行。

由此来看，服装流行是一种社会现象，它表达了人们在某个时空范围内对一些服装款式、色彩搭配、着装方式的喜爱，并且互相进行模仿，使这些个人喜好的款式、色彩、着装方式等通过人们的模仿而成为整个社会喜好的一种扩大化、流动性的现象。服装流行不单单能体现出人们服饰审美心理与审美标准的变化，同时在某种程度上也反映着人们的世界观和价值观的转变。

在流行现象全球化影响下的今天，现代服装的流行、变化，已经成为一种无国界的文化活动。全世界都在创造着千变万化的着装风貌，使得我们赖以生存的空间环境变得更加五彩缤纷。

流行是时代赋予每个时期的特殊意义，不单是一种形式的表面现象。流行的产生涉及自然、社会、文化、科技等方面的发展与进步，特别是人们对新生事物和新的生活方式的追求是产生流行事物的最直接的原因。因此，对服装流行的认识和理解，不仅要从材料、色彩、样式等显性因素方面考虑，还要考虑到流行所要表现的时代思想、文化背景等隐性因素。否则，我们就不能真正地认识到流行的本质与流行的时代根基。

影响服装流行产生的因素有很多，概括起来主要有时代文化、生活方式、经济因素、文化思潮、科技发展等因素，如图6-1所示。

图6-1　波普艺术对时装的影响

图6-2 青花瓷元素融入时装设计

作为一名服装设计师，应具备对流行的敏锐观察能力和分析能力，善于把握流行规律，对流行有敏锐的触角，并能用冷静的头脑对流行做出快速反应。拥有独特的个性和风格，不去盲目追求流行，适当融入流行元素，这样才能创造出新的流行样式，为现代服装的流行与变化增添无穷魅力。如图6-2所示。

### 二、服装流行的特征

流行的现象存在于艺术、设计、文化等各个领域，然而，不论是物的流行还是某种行为的流行，服装的流行却是最为广泛、最为敏锐的。通常来说，服装的流行有以下几个特征。

#### （一）渐变性

服装的流行绝不是突然间产生或消亡的，而是要经过个别接受→部分接受→全面流行的过程。服装流行之所以能够产生的原因在于其本质是一种社会性的行为。一般人对于新潮的款式并不是立即就能接受，而是经过一段相当长的时间后，新潮的款式逐渐变得较为普遍，人们往往觉得自己也必须得赶上潮流，出于“从众心理”的需求，新潮的款式便会蔓延到每一个角落。因而，新的款式在最早出现的时候是相对超前的，并且也只会出现在极少数人身上。

#### （二）周期性

服装的流行周期一般是指一种服装款式在消费大众接受能力方面自产生到普遍流行直至衰退、消亡的过程。服装流行虽然具有周期性，但周期交替的频率与延续的时间并不是固定的。每个流行周期大致都要经历导入、上升、接受、大众接受、下降和消亡六个阶段。如果我们把服装的流行周期用钟形曲线来表示的话，先是逐渐升起，然后达到顶点，最后慢慢消退。有的能在很短的时间内达到高峰，而有的需要花费的时间会很长；同样，从上升到衰退的波动周期的时间也或长或短。

#### （三）关联性

服装的流行通常会受到众多因素的影响，比如社会经济状况、大众需求与接受能力、时代背景、地域环境、政治事件等，都可以用来作为下一季服装色彩和样式设计的依据。许多流行趋势手册都会投入很多的精力去搜集社会上各个层面的最新动态，从中寻找到最有可能对新一季服装产业产生直接影响的灵感来源，特别是已经出现在其他相关设计领域的产品。流行的关联性不单单是指其他因素会影响服装的流行，服装的变化同样也可以引起相关领域的潮流革命。

## 第二节　服装流行预测的内容与方法

### 一、 流行预测的含义及内容

所谓预测，是指在特定的时间，根据过去的经验或资料，对市场、经济、环境等因素做出多方面的专业评估，以推估、预测市场可能流行趋势的活动。具体来说，服装流行预测是指针对服装，在归纳总结过去和现在服装及相关事物流行现象和规律的基础上，以一定的形式显现出未来某个时期的服装流行趋势。

在进行流行预测时，需要从众多的社会事件、资讯中获取能支持独到见解的证据，进而做出相应的分析与结论的研究报告，并开展推荐执行。所以说流行预测是一种活动。流行趋势预测具有很强的时间性、超前性，是一种服饰文化现象。从宏观上来说，对于服装行业具有极强的指导作用。

服装流行预测的内容主要是指是服装设计的各要素，一般以主题的形式出现，如图6-3所示玩尽青春主题、图6-4所示城市户外主题。另外，服装廓形、内结构造型、材料、色彩、细节与工艺及整体风格等方面构成一个主题，或者是只针对某个内容或某几个内容进行流行趋势方面的预测。

图6-3　玩尽青春主题

图6-4　城市户外主题

## （一）流行主题

为了进行新一季的流行预测，通常情况下要确定一系列主题，目的是启发和引导设计师们为不同规格、档次的市场进行设计。流行必须要有主题，设计时才会有明确的目的和清晰的目标，服装才会有鲜明的个性和特色。不同的服装企业也会结合国际流行趋势与自身品牌风格，每季推出符合切合实际的流行主题。

## （二）服装外轮廓

服装廓形是服装流行风貌的直接体现，它最敏感地反映着流行的特征。服装外形轮廓线的变化都能清晰地表达并传递着流行趋势的最新动向，如图6-5所示。廓形是设计的第一步，更是其后工作的主要依据与骨架。通常会将复杂的廓形归纳为几何形状，当某种服装款式流行时，最初的印象就是外形上给人的大感觉。

当大体感强烈的廓形出现时，便会造成强烈的视觉冲击力，气场强大；相反，合体的廓形给人的感觉则是圆润、轻巧。由此来看，服装外轮廓形是服装造型的根本之所在。让人值得注意的是，外轮廓往往在一段时间内保持不变或慢慢进行演变，然后是突然间巨变。

图6-5　服装外轮廓造型

## （三）内结构造型

服装内部结构的变化反映着时代文化的特征，对服装合体程度的把握、分割线条形状的处理、肩袖的造型以及款式开身的变化等因素也都围绕着时尚的变化，追随着服装流行的演变。因此，服装内部结构的微妙变化，都可以体现出流行的特征。设计重点是领、胸、腰、后背、手臂、下摆等位置，可以是平面镶拼分割，也可以是立体状布料的表现。另外，内部结构线布局有规则与不规则之分，规则结构线布局是通过褶裥、分割线、装饰物等的均匀分布所形成的，如公主线、插肩袖等。不规则结构线布局则是呈现出不均匀的分布，有不对称感，有流动的视觉效果，款式上带有一定的创意。在服装中常采用这种不规则的设计布局，如图6-6所示。

图6-6　内结构造型

## （四）面料

面料作为服装的物质载体能先于服装反映着流行的信息，体现流行服饰的个性风格，如图6-7 ~图6-9所示。纤维、面料肌理、色彩以及纹样图案的流行构成服装面料的流行。

图6-7　主题趋势下的面料特征

图6-8　面料材质流行趋势预测

【设计说明】"好色"时代来临，彩色皮草成为新宠，色彩的叠加、不同质感的拼接、多变的设计和层次使得皮革更具有时尚感和华美感。

图6-9　图案流行趋势预测

【设计说明】服装是最灵活的艺术之一，它从毕加索抽象绘画艺术中吸取灵感，同时配合流行趋势，将最鲜活的时尚展现出来。

服装发展至今天，设计师们已经不能只依赖于款式以及廓形等方面的变化来取得新的突破，更要挖掘更多材料来引导新的服装流行。面料的外观肌理是非常重要的感性因素，特别是20世纪90年代以来，对材料质地、肌理、混合性以及功能性的开发已成为区分面料新旧感的重要标志。面料的风格对于服装起着相当重要的作用，在使用上不可掉以轻心。要根据主题所表达的概念和想营造的情调去选择相应的面料，同时还应考虑面料之间的轻薄与厚重、细腻与粗糙、柔软与硬挺、飘逸与沉稳、亮泽与灰暗等的协调关系。

（五）色彩

色彩，可以称得上是服装流行中最具有视觉冲击力和表现力的一种元素。明亮与灰暗、清澈与浑浊、透明与厚重等色彩感觉都是时装设计师对色彩强度与意境的表达。流行的色彩会被广泛地运用在服装、配饰、手工艺品，甚至是品牌的店铺、海报中，成为该季的标志性色彩，如图6-10所示。然而，往往最流行的色彩在新一季来临之时也会成为最容易过时的色彩。

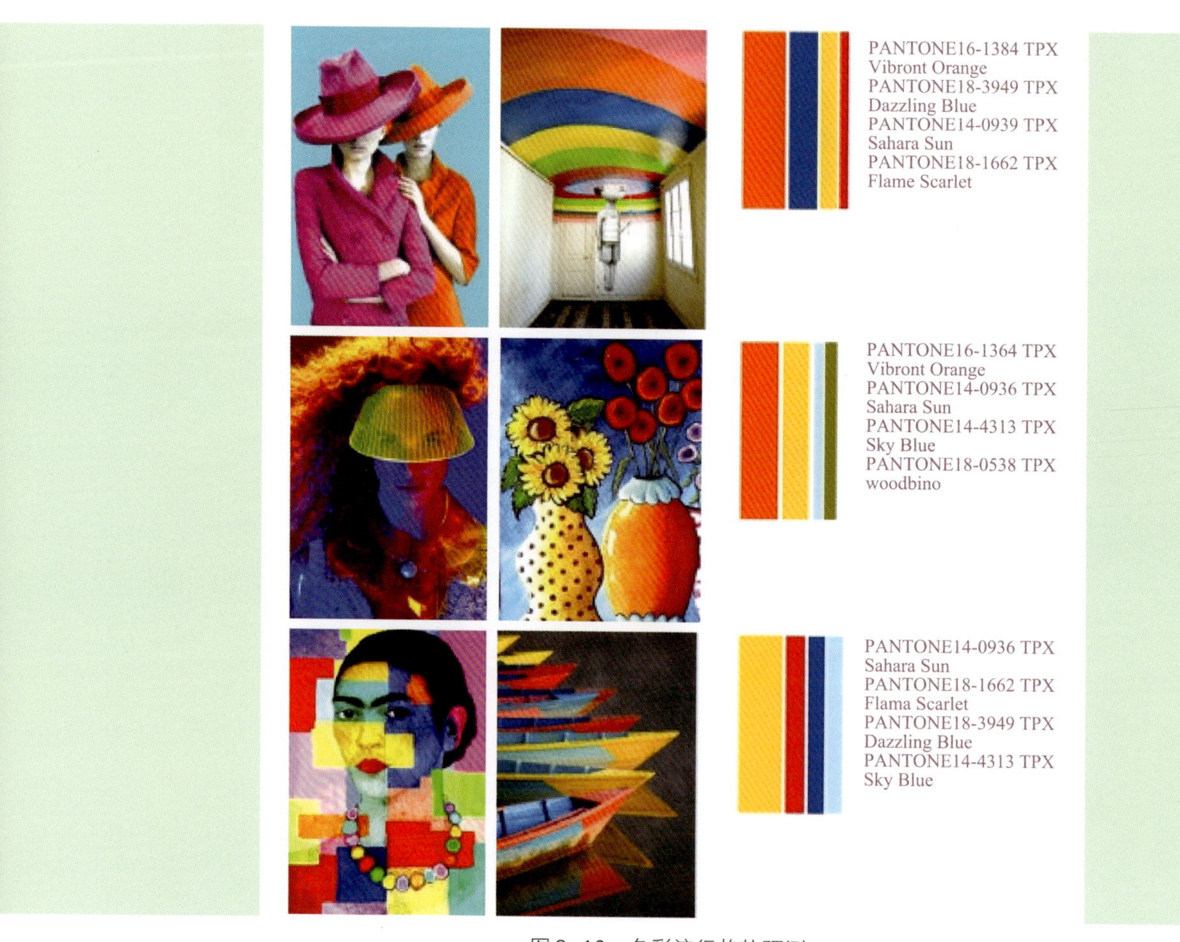


图6-10　色彩流行趋势预测

**【设计说明】**主题《印象》，橙色系列如冬天里的一把火，亮橙色是高度充满活力和激情的颜色，也是2015～2016年秋冬的主要流行色彩之一。暖色系的橙和黄搭配在一起，丰富了色彩之间的层次感，局部点缀冷色系的蓝和绿，又不会太过于单调。本色系将绘画中的色彩大胆地运用到服装中，各种高亮度和饱和度的色彩彰显艺术气息。

流行主题下的色彩系列，可以以每一季流行色色组和流行色预测趋势为依据，结合本地域、本企业或具体的要求，拿出有流行意义的色彩计划。在流行色的变化中，关键是色彩组合方式和色彩色调的变化。每一组色彩中最好不要有8种以上的明度，否则，色彩会显得混乱，没有连贯性；同时，要考虑主色、辅色和点缀色的合理搭配；另外，由于流行色彩具有延续性，当新色彩代替旧色彩时，旧的色彩不是从此销声匿迹，只是它的势头已减弱，不再是时髦的色彩，但它在色彩的组合中仍然占有一定的位置；有的色彩则经久不衰，如黑、白两色在服装色彩的世界里独具魅力。在每年的色彩组合中，总有它的一席之地。虽然它们已不再是流行的主要色，但它们却是组合色的溶剂和衬托色，如图6-11所示。流行色的变化规律就是这样，它们不会出现突然的快速变化，而是新旧交替的微弱变化和新旧色彩组合搭配的变化。

图6-11　主题趋势下的流行色组

## （六）细节

在每季的流行款式中，细微的服装细节往往更能体现流行款式的精神与时装的潮流。譬如，领口的宽窄大小及圆尖程度，腰节线的高低、口袋、袖口、绣花、拉链、工艺等的变化，都会突出甚至会改变服装的特征，如图6-12所示。当某种细节成为流行的焦点时，设计师们会竭尽所能地运用在各种服装之中并延伸到服饰品中。我们就会把该细节当作本季服装流行最典型的流行特征，并强调它的美，从而形成新的流行。

另外，服装的配饰、发型与化妆等也是流行趋势预测的一部分。除此之外，服装的整体风格感觉也是一个极为重要的方面，它是由上述廓形、内部结构、面料、色彩以及细节因素所最终塑造的着装形象，或高贵典雅、或自信干练、或率直洒脱、或活泼烂漫。作为一个时装设计师要具有把握整体感觉的能力。

图6-12　主题趋势下的细节特征

## 二、服装流行预测的方法

服装流行预测的方法大体有三个方面：综合调查法、总结规律法、总结经验法。

### （一）综合调查法

服装流行本身就是一种社会性现象，广泛调查、研究和分析社会经济状况、消费者的审美倾向、生活方式、市场动态、消费层次以及国内外流行因素等，并进行科学的统计和预算。综合调查法是我们进行流行预测的一个重要的社会基础。

### （二）总结规律法

流行预测专家根据服装的演变规律，在总结历年流行规律的基础上，预测出下一季的流行趋势。

### （三）总结经验法

这些训练有素的流行预测专家们具有较强的直觉判断力，他们可以凭借积累的经验，对流行趋势做出准确的判断。

# 第三节　服装流行元素的采集方法

## 一、时装发布会

一年两次的巴黎、米兰、伦敦、纽约的高级成衣与高级时装发布会，都是服装业内人士所瞩目的时尚焦点，如图6-13所示。通过观看时装发布会，服装制造商和时装设计师能直观地看到面料、色彩、廓形、图案、细节等服装设计元素的未来流行趋势，从而对时尚概念和主题有更深刻的理解和认识。

图6-13　Dries Van Noten 2015春夏时装发布会

## 二、展览会信息

各种各样的国际性展览会可以给全世界提供一个亲自观看、触摸、感受的空间。如法国第一视觉面料展是世界大型的国际时装面料展，还有法国巴黎国际女装成衣展览会等多种展会。不同的展会有不同的侧重点。这些展会不仅向观展者展示最新的纤维和面料行情，也汇集了来自世界各地的知名女装成衣品牌，深受时尚界人士的爱戴。

## 三、时尚期刊、杂志

《VOGUE》《时尚芭莎》等时装杂志也为那些不能亲临展会或时装发布会的服装爱好者提供

最新的流行信息。通过文字与大量的时装周图片来解析时装流行元素，这也成为时尚大众获取流行资讯最便捷或最主要的途径，如图6-14、图6-15所示。

图6-14 《VOGUE》时尚杂志

图6-15 《时尚芭莎》时尚杂志

## 四、专业组织、机构

世界上很多国家都有不少专业组织或机构，在每年固定的时间发布相关的流行趋势预测。如美国棉花公司一年两次向全世界发布包括色彩、面料、印花图案等方面的流行趋势。另外，还有一些权威性的流行色研究机构，如法国巴黎的国际流行色协会每年召开两次会议，讨论未来18个月的春夏或秋冬的流行色定案，发布男装、女装和休闲装的流行色趋势。

## 五、国际性时装品牌

调查迪奥、香奈儿、普拉达、巴宝莉等国际一线品牌也是我们获取流行信息的一种有效途径。这些时装品牌在我国各地的高档商场均设有专柜，我们可随时对其色彩、面料、工艺、细节、廓形等方面进行深度的市场调查、研究和分析。这些处于时尚尖端的高级时装品牌，对我国本土的服装品牌建设具有很强的时尚指导性。

参考文献


[1] 凯瑟琳 · 麦凯维，詹莱茵 · 玛斯罗. 时装设计：过程、创新与实践. 郭平建，武力宏，况灿译. 北京：中国纺织出版社，2006.

[2] 张晓黎. 从设计到设计. 成都：四川美术出版社，2007.

[3] 托比 · 迈德斯. 时装 · 品牌 · 设计师：从服装设计到品牌运营. 杜冰冰译. 北京：中国纺织出版社，2012.

[4] 张竞琼，牛玖. 服饰图案设计. 合肥：安徽美术出版社，2011.

[5] 黄云娟，黄世明. 现代成衣设计与实训. 沈阳：辽宁美术出版社，2014.

[6] 吴卫刚. 服装设计指南. 北京：化学工业出版社，2009.

[7] 朱松文，刘静伟. 服装材料学. 北京：中国纺织出版社，2009.

[8] 张文辉. 服装设计基础与创意. 武汉：湖北科学技术出版社，2008.

[9] 刘晓刚. 服装设计2——女装设计. 上海：东华大学出版社，2008.

[10] 刘婧怡. 时装设计专业进阶教程：时装画手绘表现技法. 北京：中国青年出版社，2012.

[11] 王鸿霖. 服装市场营销. 北京：北京理工大学出版社，2010.

[12] 刘小红. 服装市场营销. 北京：中国纺织出版社，2010.